高等院校美术·设计专业系列教材

首饰专题设计

SPECIAL JEWELRY DESIGN

林钰源 主编

胥璟 罗冠章 潘梦梅

蒲艳 吴福珍 蒋建平 编著

SPM 南方传媒 | 岭南美术出版社

中国·广州

图书在版编目（CIP）数据

首饰专题设计 / 林钰源主编；胥璟等编著.—广州：岭南美术出版社，2023.6
大匠：高等院校美术·设计专业系列教材
ISBN 978-7-5362-7732-8

Ⅰ.①首… Ⅱ.①林… ②胥… Ⅲ.①首饰—设计—高等学校—教材 Ⅳ.①TS934.3

中国国家版本馆CIP数据核字(2023)第090051号

出 版 人：刘子如
策　　划：刘向上　李国正
责任编辑：王效云　郭海燕
责任技编：谢　芸
责任校对：司徒红
装帧设计：黄明珊　罗　靖　黄金梅
朱林森　黄乙航　盖煜坤
徐效羽　郭恩琪　石梓洳
邹　晴
友间文化

首饰专题设计
SHOUSHI ZHUANTI SHEJI

出版、总发行：岭南美术出版社（网址：www.lnysw.net）
（广州市天河区海安路19号14楼 邮编：510627）
经　　销：全国新华书店
印　　刷：东莞市翔盈印务有限公司
版　　次：2023年6月第1版
印　　次：2023年6月第1次印刷
开　　本：889 mm×1194 mm　1/16
印　　张：12.25
字　　数：289千字
印　　数：1—2000册
ISBN 978-7-5362-7732-8

定　　价：72.00元

《大匠——高等院校美术·设计专业系列教材》

/ 编委会 /

序一　致敬工匠

能否“造物”，无疑是人与其他动物之间最大的区别。人能“造物”而没有别的动物不能“造物”。目前我们看到的人类留下的所有文化遗产几乎都是人类的“造物”结果。“造物”从远古到现代都离不开“工匠”。“工匠”正是这些“造物”的主人。“造物”拉开了人与其他动物的距离。人在“造物”之时，需要思考“造物”所要满足的需求，和满足需求的具体可行性方案，这就是人类的设计活动。在“造物”的过程中，为了能够更好地体现工匠的“匠意”，往往要求工匠心中要有解决问题的巧思——“意匠”。这个过程需要精准找到解决问题的点子和具体可行的加工工艺方法，以及娴熟驾驭具体加工工艺的高超技艺，才能达成解决问题、满足需求的目标。这个过程需要选择合适的材料，需要根据材料进行构思，需要根据构思进行必要的加工。古代工匠早就懂得因需选材，因材造意，因意施艺。优秀的工匠在解决问题的时候往往匠心独运，表现出高超技艺，从而获得人们的敬仰。

在这里，我们要向造物者——“工匠”致敬！

一、编写“大匠”系列教材的初衷

2017年11月，我来到广州商学院艺术设计学院。我发现当前很多应用型高等院校设计专业所用教材要么沿用原来高职高专的教材，要么直接把学术型本科教材拿来凑合着用。这与应用型高等院校对教材的要求不相适应。因此，我萌发了编写一套应用型高等院校设计专业教材的想法。很快，这个想法得到各个兄弟院校的积极响应，也得到岭南美术出版社的大力支持，从而拉开了编写《大匠——高等院校美术·设计专业系列教材》（以下简称“大匠”系列教材）的序幕。

对中国而言，发展职业教育是一项国策。随着改革开放进一步深化和中国制造业的迅猛发展，中国制造的产品已经遍布世界各国。同时，中国的高等教育发展迅猛，但中国的职业教育却相对滞后。近年来，中国才开始重视职业教育。2014年李克强总理提道：“发展现代职业教育，是转方式、调结构的战略举措。由于中国职业教育发展不够充分，使中国制造、中国装备质量还存在许多缺陷，与发达国家的高中端产品相比，仍有不小差距。‘中国制造’的差距主要是职业人才的差距。要解决这个问题，就必须发展中国的职业教育。”

艺术设计专业本来就是应用型专业。应用型艺术设计专业无疑属于职业教育，是中国高等职业教育的重要组成部分。

艺术设计一旦与制造业紧密结合，就可以提升一个国家的软实力。“中国制造”要向“中国智造”转变，需要中国设计。让“美”融入产品成为产品的附加值需要艺术设计。在未来的中国品牌之路上，需要大量优秀的中国艺术设计师的参与。为了满足人民群众对美好生活的向往，需要设计师的加盟。

设计可以提升我们国家的软实力，可以实现“美是一种生产力”，有助于满足人民群众对美好生活的向往。在中国的乡村振兴中，我们看到设计发挥了应有的作用。在中国的旧改工程中，我们同样看到设计发挥了化腐朽为神奇的效用。

没有好的中国设计，就不可能有好的中国品牌。好的国货、国潮都需要好的中国设计。中国设计和中国品牌都来自中国设计师之手。培养中国自己的优秀设计人才无疑是当务之急。中国现代高等教育艺术设计人才的培养，需要全社会的共同努力。这也正是我们编写这套“大匠”系列教材的初衷。

二、冠以“大匠”，致敬“工匠精神”

这是一套应用型的美术·设计专业系列教材，之所以给这套教材冠以“大匠”之名，是因为我们高等院校艺术设计专业就是培养应用型艺术设计人才的。用传统语言表达，就是培养“工匠”。但我们不能满足于培养一般的“工匠”，我们希望培养“能工巧匠”，更希望培养出“大匠”，甚至企盼培养出能影响一个时代和引领设计潮流的“百年巨匠”，这才是中国艺术设计教育的使命和担当。

“匠”字，许慎《说文解字》称：“从匚，从斤。斤，所以做器也。”匚指筐，把斧头放在筐里，就是木匠。后陶工也称“匠”，直至百工皆以“匠”称。“匠”的身份，原指工人、工奴，甚至奴隶，后指有专门技术的人，再到后来指在某一方面造诣高深的专家。由于工匠一般都从实践中走来，身怀一技之长，能根据实际情况，巧妙地解决问题，而且一丝不苟，从而受到后人的推崇和敬仰。鲁班，就是这样的人。不难看出，传统意义上的“匠”，是具有解决问题的巧妙构思和精湛技艺的专门人才。

“工匠”，不仅仅是一个工种，或是一种身份，更是一种精神，也就是人们常说的“工匠精神”。“工匠精神”在我看来，就是面对具体问题能根据丰富的生活经验积累进行具体分析的实事求是的科学态度，是解决具体问题的巧妙构思所体现出来的智慧，是掌握一手高超技艺和对技艺的精益求精的自我要求。因此，不怕面对任何难题，不怕想破脑壳，不怕磨破手皮，一心追求做到极致，而且无怨无悔——工匠身上这种“工匠精神”，是工匠获得人们敬佩的原因之所在。

《韩非子》载：“刻削之道，鼻莫如大，目莫如小，鼻大可小，小不可大也。目小可大，大不可小也。”借木雕匠人的木雕实践，喻做事要留有余地，透露出“工匠精神”中也隐含着智慧。

民谚“三个臭皮匠，赛过一个诸葛亮”，也在提醒着人们在解决问题的过程中集体智慧的重要性。不难看出，“工匠精神”也包含了解决问题的智慧。

无论是“垩鼻运斤”还是“游刃有余”，都是古人对能工巧匠随心所欲的精湛技术的惊叹和褒扬。

一个民族，不可以没有优秀的艺术设计者。

人在适应自然的过程中，为了使生活方式变得更加舒适、惬意，是需要设计的。今天，在我们的生活中，设计已无处不在。

未来中国设计的水平如何，关键取决于今天中国的设计教育，它决定了中国未来的设计人员队伍的整体素质和水平。这也是我们编写这套“大匠”系列教材的动力。

三、“大匠”系列教材的基本情况和特色

“大匠”系列教材，明确定位为“培养新时代应用型高等艺术设计专业人才”的教材。

教材编写既着眼于时代社会发展对设计的要求，紧跟当前人才市场对设计人才的需求，也根据生源情况量身定制。教材对课程的覆盖面广，拉开了与传统学术型本科教材的距离。在突出时代性的同时，注重应用性和实战性，力求做到深入浅出，简单易学，让学生可以边看边学，边学边用。尽量朝着看完就学会，学完就能用的方向努力。“大匠”系列教材，填补了目前应用型高等艺术设计专业教材的阙如。

教材根据目前各应用型高等院校设计专业人才培养计划的课程设置来编写，基本覆盖了艺术设计专业的所有课程，包括基础课、专业必修课、专业选修课、理论课、实践课、专业主干课、专题课等。

每本教材都力求篇幅短小精练，直接以案例教学来阐述设计规律。这样既可以讲清楚设计的规律，做到深入浅出，易学易懂，也方便学生举一反三。大大压缩了教材篇幅的同时，也突出了教材的实践性。

另外，教材具有鲜明的时代性。重视课程思政，把为国育才、为党育人、立德树人放在首位，明确提出培养为人民的美好生活而设计的新时代设计人才的目标。

设计当随时代。新时代、新设计呼唤推出新教材，“大匠”系列教材正是追求适应新时代要求而编写的。重视学生现代设计素质的提升，重视处理素质培养和设计专业技能的关系，重视培养学生协同工作和人际沟通能力。致力培养学生具备东方审美眼光和国际化设计视野，培养学生对未来新生活形态有一定的预见能力。同时，使学生能快速掌握和运用更新换代的数字化工具。

因此，在教材中力求处理好学术性与实用性的关系，处理好传承优秀设计传统和时代发展需要的创新关系。既关注时代设计前沿活动，又涉猎传统设计经典案例。

在主编选择方面，我们发挥各参编院校优势和特色，发挥各自所长，力求每位主编都是所负责方面的专家。同时，该套教材首次引入企业人员参与编写。

四、鸣谢

感谢岭南美术出版社领导们对这套教材的大力支持！感谢各个参加编写教材的兄弟院校！感谢各位编委和主编！感谢对教材进行逐字逐句细心审阅的编辑们！感谢黄明珊老师设计团队为教材的形象，包括封面和版式进行了精心设计！正是你们的参与和支持，才使得这套教材能以现在的面貌出现在大家面前。谢谢！

林钰源

华南师范大学美术学院首任院长、教授、博士生导师

2022年2月20日

序二 『大匠』本位，设计初心

对于每一位从事设计艺术教育的人士而言，“大国工匠”这个词都不会陌生，这是设计工作者毕生的追求与向往，也是我们编写这套教材的初心与夙愿。

所谓“大匠”，必有“匠心”，但是在我们的追求中，“匠心”有两层内涵，其一是从设计艺术的专业角度看，要具备造物的精心、恒心，以及致力于在物质文化探索中推陈出新的决心。其二是从设计艺术教育的本位看，要秉承耐心、仁心，以及面对孜孜不倦的学子时那永不言弃的师心。唯有“匠心”所至，方能开出硕果。

作为一门交叉学科，设计艺术既有着自然科学的严谨规范，又有着人文社会科学的风雅内涵。然而，与其他学科相比，设计艺术最显著的特征是高度的实用性，这也赋予了设计艺术教育高度职业化的特点，小到平面海报、宣传册页，大到室内陈设与建筑构造，无不体现着设计师匠心独运的哲思与努力。而要将这些“造物”的知识和技能完整地传授给学生，就必须首先设计出一套可供反复验证并具有高度指导性的体系和标准，而系列化的教材显然是这套标准最凝练的载体。

对于设计艺术而言，系列教材的存在意义在于以一种标准化的方式将各个领域的设计知识进行系统性的归纳、整理与总结，并通过多门课程的有序组合，令其真正成为解决理论认知、指导技能实践、提高综合素养的有效手段。因此，表面上看，它以理论文本为载体，实际上却是以设计的实践和产出为目的，古人常言“见微知著”，设计知识和技能的传授同样如此。为了完成一套高水平的应用性教材的编撰工作，我们必须从每一门课程开始逐一梳理，具体问题具体分析，如此才能以点带面、汇聚成体。然而，与一般的通识性教材不同，设计类教材的编撰必须紧扣具体的设计目标，回归设计的本源，并就每一个知识点的应用性和逻辑性进行阐述。即使在讲述综合性的设计原理时，也应该以具体实践项目为案例，而这一点，也是我们在深圳职业技术学院近30年的设计教育实践中所奉行的一贯原则。

例如在阐述设计的透视问题时，不能只将视野停留在对透视原理的文字性解释上，而是要旁征博引，对透视产生的历史、来源和趋势进行较为全面的阐述，而后再辅以建筑、产品、平面设计领域中的具体问题来详加说明，这样学生就不会只在教材中学到单一枯燥的理论知识，而是能通过恰当的案例和具有拓展性的解释进一步认识到知识的应用场景。如果此时导入适宜的习题，将会令他们得到进一步的技能训练，并有可能启发他们举一反三，联想到自己在未来职业生涯中可能面对的种种专业问题。我们坚持这样的编写方式，是因为我们在学校的实际教学中正是以“项目化”为引领去开展每一个环节及任务点的具体设计的。无论是课程思政建设还是金课建设，均是如此。而这种教学方式的形成完全是基于对设计教育职业化及其科学发展规律的高度尊重。

提到发展规律问题，就不能绕过设计艺术学科的细分问题，随着今天设计艺术教育的日趋成熟，设计正表现出越来越细的专业分类，未来必定还会呈现出进一步的细分。因此，我希望我们这套教材的编写也能够遵循这种客观规律，紧跟行业动态发展趋势，并根据市场的人才需求开发出越来越多对应的新型课程，编写更多有效、完备、新颖的配套教材，以帮助学生们在日趋激烈的就业环境中展现自身的价值，帮助他们无缝对接各种类型的优质企业。

职业教育有着非常具体的人才培养定位，所有的课程、专业设置都应该与市场需求相衔接。这些年来，我们一直在围绕这个核心而努力。由于深圳职业技术学院位处深圳，而深圳作为设计之都，有着较为完备的设计产业及较为广泛的人才需求，因此我们学院始终坚持着将设计教育办到城市产业增长点上的宗旨，努力实现人才培养与城市发展的高度匹配。当然，做到这种程度非常不容易，无论是课程的开发，还是某门课程的教材编写，都不是一蹴而就的。但是我相信通过任课教师们的深耕细作，随着这套教材的不断更新、拓展及应用，我们一定会有所收获，为师者若要以“大匠”为目标，必然要经过长年累月的教学积累与潜心投入。

历史已经充分证明了设计教育对国家综合实力的促进作用，设计对今天的世界而言是一种不可替代的生产力。作为世界第一的制造业大国，我国的设计产业正在以前所未有的速度向前迈进，国家自主设计、研发的手机、汽车、高铁等早已声名在外，它们反映了我国在科技创新方面日益增强的国际竞争力，这些标志性设计不但为我国的经济建设做出了重要贡献，还不断地输出着中国文化、中国内涵，令全世界可以通过实实在在的物质载体认识中国、了解中国。但是，我们也应该看到，为了保持这种积极的创造活力，实现具有可持续性的设计产业发展，最终实现从“中国制造”向 “中国智造”的转型升级，令“中国设计”屹立于世界设计之林，就必须依托于高水平设计人才源源不断的培养和输送，这样光荣且具有挑战性的使命，作为一线教师，我们义不容辞。

“大匠”是我们这套教材的立身本位，为人民服务是我们永不忘怀的设计初心。我们正是带着这种信念，投入每一册教材的精心编写之中。欢迎来自各个领域的设计专家、教育工作者批评指正，并由衷希望与大家共同成长，为中国设计教育的未来做出更多贡献！

帅　斌

深圳职业技术学院教授、艺术设计学院院长

2022年5月12日

前言

珠宝设计师工作的广度取决于是在为品牌工作还是自己创业。无论哪种方式，最重要的都需要具备广阔的艺术视野。例如宝格丽的创意总监、被称为“宝石猎人”的露西娅·西尔维斯特里在全球范围内寻找品质上乘的珍贵宝石，以绝妙的创意挑选组合，设计制作出以她喜欢的星座为主题的珠宝首饰作品。这个过程涉及设计构思、绘制草图、使用计算机辅助设计（CAD）软件对其进行建模并选择石头，然后进行生产，从3D打印的原形开始，到金匠的作品，其中还包括金属铸造、石头镶嵌、雕刻和珐琅制作等，最终这些珍贵的宝石将被淬炼成为流光溢彩的珠宝佳作。除非是独立设计师全程单独行动，否则大多数设计师都不会参与建模、雕蜡、镶嵌、铸造、珐琅制作等这些过程，但是作为设计师我们仍然必须了解珠宝制作的机制，如果你希望自己的设计是可实现的、可佩戴的。

本书将从如何拟定设计主题（创意构思）开始，到如何将自己的想法通过各种途径表现出来（视觉表达），再到如何挑选合适的材料并使用适当的工艺将想法变成实物（方案物化），通过大量给定主题的首饰设计的案例（案例实训），完整地介绍整个首饰设计制作的过程。在本书的最后一章，是将设计投放市场，进行市场检验并收集设计反馈的方法与途径（市场检验），这也是很多同学容易忽视的一个重要部分，只有不断地反思才能不停地前行。

本书的编写历时四年，汇集了六位作者——广州商学院艺术设计学院胥璟、罗冠章、潘梦梅、蒲艳、吴福珍、蒋建平老师四年来的实践教学经验和广州商学院艺术设计学院2014级至2017级同学们的方案实物，以及许多线上线下收集到的素未谋面的老师、同学们的设计方案与作品案例，在此对本书所有出现过的作品的原创者致以万分的感激。

目 录

1

第一章

奇思妙想——首饰创意构思的方法

章节前导
Chapter preamble

课程重点：

1. 了解首饰设计师需要具备的人文素养。

2. 理解和掌握首饰的情感设计。

3. 理解思维导图的概念并掌握制作方法。

4. 了解并掌握用户调研与分析的方法。

课程难点：

1. 掌握首饰设计产品故事的设定与思维导图的制作方法。

2. 掌握首饰设计的用户调研与受众分析的方法。

课堂建议：

人文素养讲究平日的积累，设计师可以通过日常的阅读、学习拓展自身的眼界，提升自己的人文素养。除了课堂上的练习之外，建议通过本章内容的学习摸索一套适合自己的提升人文素养的方法。思维导图需要多练，在掌握方法的基础上，一定要通过勤加练习才能在设计中熟练使用，发挥思维导图的最大作用。

设计是一门学科，就像工程、营销、会计一样，Tiffany（蒂芙尼）公司的珠宝为什么能够如此吸引人？除了营销手段和先进的制造机器，设计师是品牌的核心。有着超强创造力的设计师创作出美丽和谐的首饰艺术品，愉悦着人们的感官，就像一道道完美的菜肴一样令人心生欢喜。

第一节　人文素养与情感化设计

一、人文素养是首饰设计师的必修

（一）人文素养对设计的重要性

奇妙的创意从哪儿来？成功的设计，除了注意功能、技巧之外，更要注意人文关怀，人文素养往往是一名成功的设计师必备的基本修养，它能帮助设计师拓宽设计的广度，从而提高创意萌发的概率。这就要求一个合格的设计人才除了掌握必备的专业基础知识和专业技能之外，还必须了解和懂得人类的文化、历史、哲学、宗教等人文范畴的知识和智慧。这样，他在设计过程中才有可能不仅仅从科技和艺术的角度出发，而且从人自身存在的价值出发考虑问题，从而真正实现符合人类需要的创意设计。

"老佛爷"——香奈儿首席设计师，卡尔·拉格斐（Karl Lagerfeld），众人称他为"时装界的凯撒大帝"，手上掌管着三个品牌：香奈儿、芬迪和同名品牌卡尔·拉格斐，卡尔丰富的人文素养铸就了他时尚界的地位与荣耀。他设计的衣服、包、配饰等被大家争相收藏，每过一段时间他就会把他所有的艺术品、物品乃至居所抛弃，无论它们曾经带给他多少灵感和愉悦。他从来不保存自己的设计稿，除了书籍，也从来不收藏其他任何东西。他拥有一间大型私人图书馆（如图1-1），里面藏有超过300,000本图书，从地板一直延伸到天花板。他所阅读的书籍内容丰富多样，文字、哲学、历史、文化、摄影等均有涉猎。他有一句名言："Books are a hard-bound drug with no danger of an overdose. I am a happy victim of books."（书籍是不会嗑过量的精装毒品，我甘愿做一个"快乐的书虫"。）

图1-1　卡尔·拉格斐的私人图书馆

国内外的各类高校设计专业，对人文素养的教育也非常重视。如处于文科氛围中的纽约大学室内设计，学校的课程结构中，富含人文内容的课程有设计艺术史、建筑艺术史、历史风格、人类文化学、环境心理学、艺术与社会、人因学、法语或意大利语等。它们有约40个学分，约占总学期学分的1/3。处于理科氛围中的康纳尔大学的室内设计，也有下列人文课程：行为科学或心理学、艺术史或建筑史、人与环境导论、设计史与理论、人工程学与环境、日常生活与环境、创作思维、设计理论等。它们有约30个学分，约占总学期学分的1/3。与当时德国包豪斯课程相比较，这不仅体现了时代和技术的进步，更体现在对人文精神的关注上。

（二）首饰设计相关的人文课程

人文泛指文化，专指哲学和美学范畴，是人类文化中的先进部分和核心部分，即先进的价值观及其规范。每一个人的情况不一样，兴趣爱好也都不一样。作为首饰设计专业的学生，需要找到自己喜欢的部分去扩展、去深入地研究，其实这也就是造就每个人自身人文素养水平不同的过程，在碰触不同的领域后，寻找与自己相近的特点，扩大自身的视野与宽度。

1. 哲学

简而言之，哲学是研究整个自然界，揭示整个世界发展的一般规律的科学，它为我们认识世界、改造世界提供了方法论指导。从苏格拉底到黑格尔，哲学的分支繁多：中国哲学、西方哲学、伦理学、宗教学、美学、逻辑学、心理学、科学技术哲学等，我们听过的多，了解的少，总认为哲学是一门很高深的学问，离我们的生活很遥远。然而事实是，哲学作为一种思考事物的方式，属于任何人。任何人都可以在自己的日常生活中进入这种状态，对周遭的事物、人物产生类似的思考。

对设计师来说，不懂哲学的设计师，不是名好设计师。日本著名设计师黑川雅之曾说过：文化有其根基，设计也如此。设计站在艺术、技术、产业三个点上，最终以站在产业上为基础。一名优秀的设计师必须立足于这三点，所以设计师必须是一个思想家和哲学家，不然很难产生好的设计。在哲学的范畴中，美学是每一位设计师最应该研习的分支，美学书籍千万种，时间有限，精力有限，针对设计类专业大学生的现状，我们的参考书单从简单的哲学入门书籍开始介绍，由浅入深地引导大家走向美学。

参考书单如下：

（1）《大问题——简明哲学理论》（［美］罗伯特·所罗门、凯思林·希金斯）。

（2）《西方哲学史》（邓晓芒与赵林合编）。

（3）《西方美学史》（朱光潜）。

（4）《中国哲学史》（冯友兰）。

（5）《美的历程》（李泽厚）。

（6）《艺术的故事》（［英］贡布里希）。

（7）《美学》（［德］黑格尔）。

（8）《艺术哲学》（［法］丹纳）。

2. 历史

你有没有过看着一种眼熟的设计风格却答不上来具体是哪种风格？你有没有过常用一种熟悉的设计风格却又不知道它背后产生的根本原因？你有没有思考过我们今天的设计是怎么来的，而未来的设计又会是怎样？以史为鉴，可以知兴衰。学习历史让你更能从过去抓住看向未来的脉络。设计历史的运动发展，背后是人文意识形态的不断探索和努力，比如我们在研究哥特式风格首饰的时候，就应该去了解中世纪的王朝、哥特时期的建筑、哥特式时期的文学、哥特时期的服装。这些貌似联系不大的历史，其实互相影响、互相关联，而这些影响也是衍生出来的下一个阶段艺术风格的“始作俑者”。我们可以从有迹可循的观点中找到对事物的看法，从而累积成自己的设计观念与底蕴。

对珠宝首饰设计师而言，首先应了解的是欧洲珠宝首饰设计史（尤其是19世纪鼎盛时期），其次应了解的是我们自己的国家——中国古代首饰设计历史，以下参考书单介绍的是较为权威的首饰设计史相关书籍。

参考书单如下：

欧洲珠宝首饰设计史。

（1）*Jewels & Jewellery*（Clare Phillips）。

（2）*Jewelry from Antiquity to the Present*（Clare Phillips）。

（3）*Victorian Jewelry*：*Unexplored Treasures*（Ginny Redington Dawes；Corinne Davidov；Tom Dawes）。

（4）*Understanding Jewellery*（David Bennett & Daniela Mascetti）。

（5）*Jewellery in the Age of Queen Victoria*：*A Mirror to the World*（Charlotte Gere）。

（6）*French Jewelry of the Nineteenth Century*（Henri Vever）。

（7）*Castellani and Italian Archaeological Jewelry*（Susan Weber Soros、Stefanie Walker）。

（8）*Art Nouveau Jewelry*（Vivienne Becker）。

（9）*Art Deco Jewelry*（Mouillefarine）。

中国古代首饰设计史。

（1）《奢华之色——宋元明金银器研究》《中国古代金银首饰》（扬之水）。

（2）《中国工艺美术史》（田自秉）。

（3）《中国工艺美术史》（王家树）。

（4）《工艺美术设计》（庞薰琹）。

（5）《中国工艺美术史新编》《隋唐五代工艺美术史》《元代工艺美术史》（尚刚）。

（6）《中国传统工艺全集》（樊嘉禄）。

（7）《唐代金银器研究》（齐东方）。

（8）《古代金银器》（张静、齐东方）。

（9）《清宫后妃首饰图典》（故宫博物院）。

（10）《珠宝简史》（史永、贺贝）。

另外，学习珠宝历史，最原始的资料无疑是最宝贵的，例如19世纪的珠宝类书籍和刊物：*Art Journal Illustrated Catalogue*、*Art Nouveau Jewellery & Fans*（Gabrel Mourey、Aymer Vallance）等，或者每个品牌自身的传记或专刊，比如想了解Cartier（卡地亚）的Art Deco（装饰艺术）风格珠宝，就看Cartier的专著，如*Cartier*：*1900—1939*。除此之外，还有一些博物馆的免费资源也值得好好利用，例如大英博物馆、维多利亚&阿尔伯特博物馆（Victoria & Albert Museum，简称V&A）、大都会艺术博物馆（Metropolitan Museum of Art，简称MET）、故宫博物院。

珠宝首饰历史周边的书籍也是一名首饰设计师应当涉猎的，当对珠宝历史有了一定深入了解的时候，就会发现珠宝首饰往往受到当时装饰艺术的影响，珠宝历史和其他的流行风尚甚至社会状况有紧密的关系，比如耳坠长短的变化，就与当时的发型有关系。如有空闲还可以多翻阅设计史和通史类书籍。

3. 心理学

设计用于满足人们的需求、能力和行为方式，良好的设计始于对心理和技术的深刻理解，珠宝首饰设计也不例外，什么样的人群喜欢什么材质的珠宝首饰，喜欢什么颜色的珠宝首饰以及什么形态的珠宝首饰，不仅需要细致的观察，更需要科学的总结和心理分析。有一定心理学知识背景的珠宝首饰设计师可以很好地理解客户难以用语言表达的细腻情感和想法，再用自己发现的新的形式和结构注入客户独特的审美感觉。

以下几本书是设计师了解心理学的入门级利器：

（1）《设计师要懂心理学》（［美］Susan Weinschenk）。

（2）《乌合之众》（［法］古斯塔夫·勒庞）。

（3）《艺术心理学新论》（［美］鲁·阿恩海姆）。

（4）《消费者行为学》（［美］迈克尔·R.所罗门）。

理解和了解一些人类行为心理学的基本原则，在设计时能够更好地做出决策。

4. 传统文化

传统文化是历史形成中表现一个民族或地区精神气质和独特风貌的精神财富，历史悠久的中国传统文化深深地体现着中华民族的审美特性与精神诉求，其深厚的底蕴与独特的神秘感在国际设计界也备受青睐。据统计，在珠宝首饰设计行业，具有丰富传统文化底蕴的珠宝更能俘获消费者的猎奇之心。

我们可以在东方的生活背景里，从自己的文化寻找养分，培养自己的东方优势，寻找自己理解的东方素养。屏风属于独特的中国工艺美术品，最早可追溯至南唐年间。可可·香奈儿（Coco Chanel）特别钟爱漆面屏风，由印度乌木海岸（科罗曼德海岸Coromandel）出口到法国，因此又被赋予别称乌木屏风（Coromandel）。（如图1-2）以乌木屏风为灵感来源的Coromandel高级珠宝系列。（如图1-3）

如图1-3中项链来自COCO Chanel 2018年发布的Coromandel高级珠宝系列，系列名称源自印度东部

图1-2　Coco Chanel与乌木屏风

图1-3　Coromandel高级珠宝系列

的科罗曼德海岸，象征17世纪国际贸易所带来的文化冲击与交流。乌木屏风使用了一种名为“款彩”（刻入颜色）的古老工艺，展现金色与赭红色相映的色调。这条项链以高级珠宝工艺重现屏风的古朴色彩——珍珠母贝、金雕镂空、钻石铺陈勾勒出画面的不同层次，并搭配大颗粒的钻石形成出色的视觉冲击力。这面屏风忠实再现了东方气息的写意画卷——绵延的山峦由钻石勾勒，掩映于珍珠母贝雕刻的云朵之间，树木上点缀着金圈包镶的钻石，水波纹则由黄金制作，项链中央还镶嵌一颗6克拉的椭圆形切割钻石，成为整件作品的点睛之笔。

项链后方是长方形的链节，模仿古典的屏风轮廓，相邻金件之间通过铰接结构相连，让人联想起屏风推移、折叠自如的特点，充满东方韵味。Chanel女士曾经用屏风与镜面相结合，将中西文化熔为一炉，打造出如梦似幻的家居迷宫，她亦很早意识到屏风制作过程中所运用的珠宝工艺。Chanel高级珠宝系列也以乌木屏风作为设计灵感，将这些独特的东方艺术品解构再重组，融入Chanel女士钟爱的符号，还原她的设计美学。

5. 音乐

音乐是人们思想与情感的表达形式之一，任何一种文化中音乐都是不可缺少的元素，音乐是一种人类共有的沟通方式，它超越了语言和文化的阻碍。与音乐有着异曲同工之妙的则是珠宝，它同样是人们追求美的产物，对珠宝的喜爱同样没有国界之分，而音乐世界也以各种各样的形式激发着珠宝设计师们的灵感。如果说“音乐是流动的建筑”，那么“首饰则是凝固的音乐”。

音乐对珠宝首饰设计师的启发不仅仅是简单地借鉴各种乐器的造型或音符跳跃的形象，更深层次的应当是来源于对音乐节奏、韵律、符号等音乐元素以及音乐元素在首饰设计中通融性的理解，一名有素养的设计师能够将听到的声音或对音乐的美感经过联想与体悟创造性地用色彩、线条和图形表现出来，在设计与音乐的碰撞中，设计会更趋于人文化，内涵更丰富。

如图1-4这件首饰的设计图，有的人看到的只是一团纸，有的人却看到了一场音乐会，音乐是听觉和精神上的享受，可是声音却是虚的东西，音乐未被演奏出来是什么样子？Genevieve是爱尔兰都柏林的设计师，毕业于爱尔兰国家艺术设计学院的金属和珠宝专业。她也是一位成功的音乐家，她将首饰设计师的技能与音乐相结合，使用激光切割与传统手工和金属加工技术等新技术制作她的音乐首饰。（图1-5）Genevieve将音乐片段翻译成可触和可穿戴的形式，按照乐谱的结构绘制图形符号形式，在CAD软件上重

图1-4　音乐主题首饰

图1-5　Genevieve的首饰作品

新绘制这些图形，确定每个饰品的图案。然后将计算机文件导出并编程到激光切割机中，在日本亚麻纸上切出纸片形状。再将每一片纸片用手工串在一起，首饰中的图形形状反映了每个乐谱的音符序列。设计师实现了把触不到的宛如空气般的音乐化成三维图案，并且赋予了首饰更多的意义，把意象缥缈的情感创作变成实实在在的物品。

人文素养也是设计师的最终归宿。学习设计，开始是学习一些基本的设计理论、设计工具，学过之后可以去做一些工作；接着就是欣赏大量的优秀作品，有条件的多去旅游，提高审美能力；最后就是提高自己的人文素养，让自己的设计有内涵、有灵魂。因此，建议所有的设计师，都要不遗余力地去提高自己的人文素养：多阅读经典著作，多向心理学、社会科学的专业人士请教，还有就是用心生活，发现“生活的艺术”。如果对思想的展现，不再需要设计师来做的话，那么有设计感的思想，就是设计师的唯一出路。

二、情感化设计

对设计师人文素养的要求恰恰是为了情感化设计的需要。随着物质生活品质的不断提高，人们对首饰的要求不是简单地停留在功利的物质层面或外在的装饰功能层面，而是发展到更深层次的精神层面，即情感功能。珠宝首饰设计不仅要满足功能的需求，还要满足人们对社会、情感和审美的需求。人们对首饰的要求更趋向于能反映人们的品位和情绪，并允许表达个性、文化信仰和价值观。

因此，设计师在未来的设计活动中，应更着重于消费者与珠宝首饰间的情感关联，以满足消费者的情感需求，激发特定的情感反馈，创造超越物质的价值。

（一）首饰情感化设计的必然性

珠宝首饰是诞生于大自然的最好手工艺品，因此它也具有内在的情感价值，这并不令人惊讶。购买或佩戴珠宝的行为不仅仅具有投资意义，珠宝首饰作为特定的作品也被赋予了设计师的经验和价值，因此，珠宝首饰是个人故事、奢侈品和传统工艺的融合，任何有抱负的设计师都需要处理广泛的混合艺术、技术和商业技能。

当今时尚圈“珠宝”走向“首饰”的趋势是首饰情感化设计的催化剂。曾经，珠宝是社会地位、皇权、宗教信仰、祭司的象征，这些功能虽然有所保留并沿用至今，但显然已经随着时代发展被大大地弱化了，阶级的消除、社会的进步，使得珠宝走下神坛，走出宫殿，可以服务于每一个人的审美需求。以上所说的那些功能，在今天变成了个性和时尚。当然，显贵的珠宝依然还是存在的，只是“退居”至收藏或特殊场合时佩戴，仅被少数人所拥有。

好莱坞电影业的蓬勃发展，以及那个时期的女士们开始追求搭配和时尚的效果，几何形的造型代替了以人文性主题为主的设计，可以说是现在时尚首饰的前身了，它无疑让首饰设计和艺术向着另一种生活方式和态度迈进了一大步，也是目前最后一个被人们总结为风格的首饰创作年代。这种形式对后来的整个珠宝业和时尚业都有着深远的影响，上海曾经举办过迪奥（Dior）的一次回顾展览，在展览中大量展出那一时期的“Custome Jewellery（定制珠宝）”，材质几乎是合金和人造水钻。首饰的时代到来了，不再只是非富即贵，而是日常生活方式的态度、心情、搭配，甚至职业形象的植入，它开始改变普通人的面貌而不是突显少数上流社会富裕阶层的财富。

情感化设计是满足现代人对首饰时尚个性需求的必然选择，这一需求一般由当代独立首饰设计师和当代首饰艺术创作者完成，其实是让这一创作门类从生产产品走向具备人文关怀、独立人格思维表达的艺术品，让首饰变成一种艺术表现手段，这就是当代首饰创作的意义。只有这样，作为非日常生活必需品和消耗品，整个首饰行业才能得到社会认可。

（二）情感化首饰设计的方向

很多世纪以来，珠宝首饰都被用来表达情感，而情感的表现是通过天生的和自然的情感征兆来实现的。在产品设计中情感交流是“设计师—产品—大众”的一种高层次的信息传递过程。设计师的情感表现在这里是一种编码过程，大众是一种解码或者说是审美心理感应的过程。翻开首饰设计的历史，我们会发现激发我们灵感的有崇敬、恐惧、欣喜、欢笑和悲伤等。有些情绪是个人才有的，然而有些却是大家所共有的。例如，对蜘蛛、骷髅头的神秘感和恐惧感。这些事物对某些人来说可能会引起不舒适或者心神不安，但对于一些有着共同嗜好的人来说可能正是一种很好的吸引注意力的元素，设计师将这种神秘感与恐惧感通过设计传递给受众，从而吸引有情感共鸣的消费者。了解这一过程能很好地解释情感化设计的概念。现代首饰趋向个性化设计和个性化消费，首饰作为装饰性的非功能性设计，是利用视觉元素达到与人的沟通、观念的传达的设计目的，以人为核心的设计活动必须建立在精神认同上。这便要求设计师把满足人们内心深处的愿望作为重要的设计因素。

情感化首饰设计的方向我们大致归纳为以下几种。

1. 自然浪漫

让设计回归自然，赋予首饰形态以生命的象征，是人类对精神生活的追求， 这反映了人类对自然的本能依赖。首饰的设计者把生活中的花草树木、飞禽走兽等各种自然元素应用到产品设计中来表达人们美好的愿望。（如图1-6）

社会的发展使人类对世界的认识大大拓展，一些事物的抽象形态也成了设计者们推崇的内容，如星系、黑洞、细胞、原子、声波、光、网络等，把它们显现为可视的几何形态或有机形态，成为现代首饰设计的元素。这些题材造型的流行，反映了人们推崇新奇浪漫和跨越空间的情趣，以及追求新潮、与时代脉搏一起跳动的情感宣泄。

鲜花一直是珠宝首饰设计灵感的源泉。正如奥古斯特·罗丹认为，艺术家通过“亲切摇摆着它们的茎，通过花瓣咏唱美妙的音调”与花交谈，珠宝首饰设计师通过珍稀植物的标本、植物图纸和园艺手册使自己学会流利的植物语言，从而享有与自然世界对话的能力，不管它们是华丽的外来物种还是日常物种，几乎没有花朵能够逃脱珠宝首饰设计师的眼睛。几乎所有历史悠久的首饰品牌的花卉元素首饰背后

图1-6　自然元素首饰设计

都有一段深刻的故事，隐喻着许多人共同的回忆与情感。

罂粟因其生动的艳色花朵和鸦片的本质，且与和平与死亡相关，在古希腊和古罗马被首次使用。在第一次世界大战之后，盛开在弗兰德斯的罂粟花，还被用来作为英国纪念阵亡将士的标志。法籍珠宝商于贝尔·德·纪梵希回忆童年记忆中皱巴巴的红色罂粟花瓣席卷夏末巴黎家中附近的草地，现在他在纽约的工作室则用明亮的蓝宝石再现了这一胜景。新艺术大师珠宝人任·拉力克使用搪瓷工艺捕捉花瓣的薄和脆性。大多数当代珠宝人重建了更纯粹的罂粟花的外表。肖邦的红宝石交织在一个翡翠花茎上，镶嵌在金色的穗中。而梵克雅宝深红色的花瓣紧扣着一颗灰色的珍珠，四周包围着蓝宝石小球，再现了罂粟中部黑色的旋涡结构。（如图1-7）

图1-7　VCA（Van Cleef & Arpels，梵克雅宝）罂粟花胸针

2. 个性情绪

首饰艺术自20世纪中期开始采用大量非金属材质进行创作，使传统首饰以材料价值为决定因素的观念发生改变。20世纪70年代，首饰艺术的边界不断被拓展，首饰不再只是用来“装饰佩戴”，艺术家开始在首饰中注入对生命、情感的关注。身体与首饰相互关联，是容纳首饰故事的场所。首饰成为与身体、情绪、外部空间交流的一种沟通媒介。

1976年，作为欧洲当代首饰艺术的先锋人物——德国艺术家格尔德·罗斯曼（Gerd Rothmann）开始创作与人体铸件与皮肤肌理相关的首饰。把人体铸件的方法引入现代首饰设计领域，这在当时首饰艺术设计、制作领域具有革命性的创新。在其首饰作品中，罗斯曼通过将人体与首饰结合，注入对生命与情感的关注，使首饰成为与人产生相互关联的情感载体。他用翻模的方式将人体关节、皮肤等打造成首饰，上面的皮肤纹理清晰可见，与佩戴者身体局部紧密贴合。耳饰融化成软骨腔，鼻子的形状成为一个首饰，与佩戴者的骨骼、肌肤紧密贴合。他的金属似乎被佩戴者温暖了，好像它们已经被软化以匹配身体。身体与首饰的深度融合，使身体成为首饰，首饰又是身体的一部分。（如图1-8）

3. 民族宗教

信念、信仰也是情感化设计的重要来源。基督教的十字架、犹太教的大卫之星和伊斯兰教的新月，

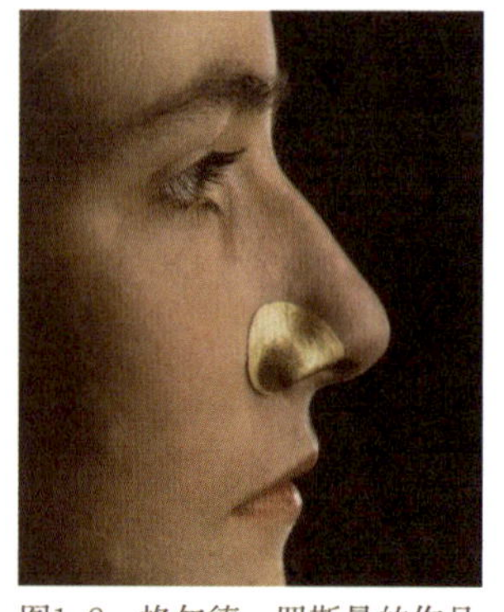

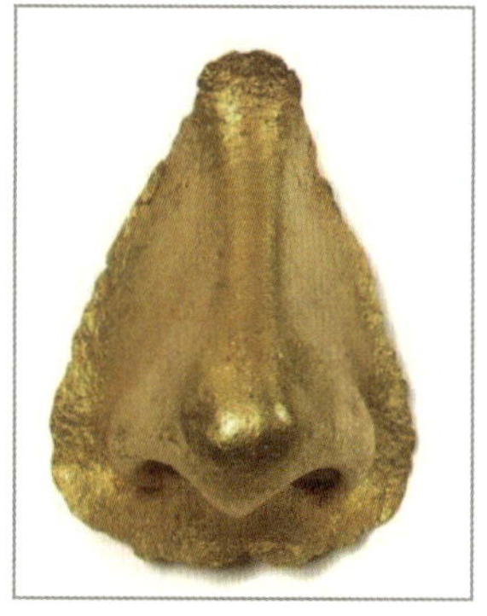

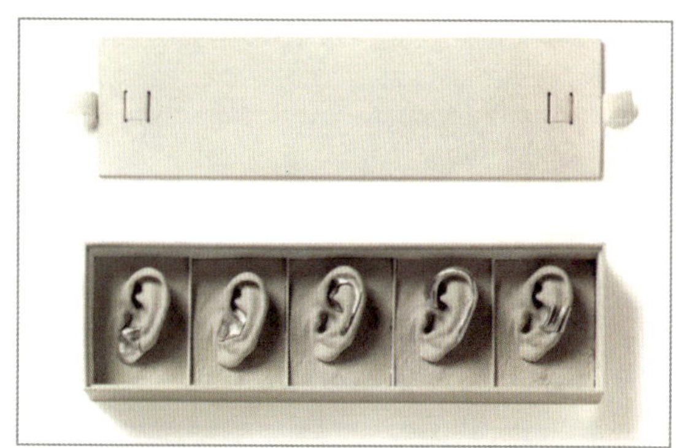

图1-8　格尔德·罗斯曼的作品

许多图标和象征性的符号是世界公认的，而另外一些则可能只属于更小一些的群体。心形已经被使用几个世纪了，是所有人都理解的图案。另外一些图标如阴阳符号，一直都存在，但最近才得到广泛的认可。大家越来越喜欢有趣的、个性化的珠宝饰品。在现代设计诸活动中，无论一个设计背后的灵感和理念是什么，都有一些重要的元素是在综合完善设计的过程中必须考虑的。为确保没有错失任何可以改善、提高和丰富最终设计的有价值的机会，必须花时间去考虑设计的空间、形状、形态、肌理、色彩、五官感受、情感冲击力、功能、材料和工序等设计元素，从而体现出，从构思到成品这个设计思想的物化过程诠释的是一种独具特色的现代首饰设计理念。

在二战初期，珠宝设计往往反映了军国主义的主题，如Wide-strap手镯，设计成类似坦克的样子。随着战争的进行，珠宝设计通常变成用来平衡女性时尚中的男性风格。夸张的女性主题，如丝带蝴蝶结、卷草纹、有趣的动物和花卉装饰，与受到军服启发的严肃的着装风格相对比。多年的战时限制之后，一个快乐的复兴和繁荣时代的来临，反映在时尚界则是异想天开、空灵感觉的珠宝首饰的大量出现。从沉重的复古的外观，到开放的金属丝网和肌理表面的珠宝首饰，这一时期的珠宝首饰有着非常独特和容易识别的形状与形式，羽毛丰沛、充满异国情调的天堂鸟设计，奇妙的海洋生物和热带花朵，密集的风格全力返场。战后的持续繁荣，也使这个时代妇女所佩戴的珠宝款式明显丰富。

（三）情感化首饰设计的体验层次

如今的社会已进入体验经济的时代，消费者所购买的不仅仅是产品的单一功能，而是消费以及使用的整个过程。体验是一个人达到情绪、体力、精神的某一特定水平时，意识中产生的一种美好感觉，这种美好的感觉就是使用者的情感反馈。情感是经由整个体验过程的多方面刺激而产生的，以珠宝饰品为例，对于饰品的体验包括欣赏、佩戴方式、佩戴过程以及收纳等一系列的过程。在这一过程中，用户会经历不同的体验层次，最终产生相应的情感反馈。用户在整个的体验过程中，会动用自身的多项能力，即认知能力、行为能力以及情感能力。同时这也可引申为用户的三个体验层次，即本能、行为以及情感反馈。这三种能力分布运用在体验的各个阶段，并有着十分紧密的联系。

1. 认知能力

认知能力即了解外界事物的能力，人们依靠眼、耳、口、鼻、手等感觉器官，通过视觉、味觉、嗅觉、触觉等方面来了解事物。使用者接收了产品所提供的感官刺激，并通过一定的心理分析过程，形成了对产品的初步认识。这一过程可能是自然的也可能是刻意的，可能是有意识的也可能是无意识的。感官体验是所有体验能力里最浅层的，却又是最基础的，它源自人类的本能，并对其他更深层次的体验有着很大的影响。外观造型是用户对珠宝首饰最表面的认知，却不是唯一的，因为用户在感知产品时会运用到眼、耳、口、鼻、手等各种感觉器官，视觉认知只是其中的一部分，而触感、嗅觉都会对用户产生刺激。这一类的认知是最基本的，却又是最有冲击力的，是珠宝首饰自身吸引力的基础。

2. 行为能力

行为能力即知觉与动作能力，是人类日常生活的必要条件。它与认知能力相互配合，根据认知所接收到的信息，做出相应的行为反馈。在产品的使用体验过程中，为了达到目标，用户要根据对产品的认知来进行具体的操作，这就是用户与产品之间的交互行为。一个合格的产品首要的标准就是要符合人机工程学，使用户能轻松自然地进行操作。用户佩戴珠宝、展示珠宝直至取下珠宝的一系列动作就是与珠宝交互的过程。佩戴或取下的方式以及展示过程中的感受为用户提供了互动体验，也产生了进一步的感官刺激。

3. 情感能力

情感能力是用户在体验产品的过程中产生的情绪反馈。不管体验过程所产生的情绪是愉悦的还是不快的，都能使我们的生活更为充实与丰富。用户对一件产品的情感反馈往往取决于对整个体验过程的总体印象，但是不同于相对客观的认知能力以及行为能力，情感能力是主观的。一些小细节就能触发用户内心隐藏的甚至是用户不自知的情感，从而大大影响情感反馈。因此，用户的情感反馈有着很大的不确定性，但是比起认知与行为，情感反馈对于评定产品优劣有着决定性的影响。因此，设计师在设计珠宝首饰时应根据用户的体验原理，赋予珠宝饰品以生命力及感性特质，以激发佩戴者的情感反馈，产生愉悦的佩戴体验，创造超越物质的价值。

（四）感官体验对珠宝首饰设计的重要性

用户所真正感兴趣的并不是产品本身，而是有挑战性的体验过程，设计师应该为用户设计充实的提示，使用户能够运用全部的感官来体验使用过程，从而产生愉悦的情感反馈。

认知能力是行为能力与情感能力的基础，产品使用过程中的认知对之后的行为反馈以及情感反馈有着很大的影响。根据实验研究显示，当用户在欣赏视觉设计时，核磁共振显示其他的感官也会参与体验之中。当对其他感官的刺激总体加强时，用户情绪显得更为愉悦，对产品的影响更为深刻，同时也更有购买产品的欲望。这个实验表明，经过感官设计的产品更能刺激使用者的感知与思维，是给予用户的一种积极的奖励。感官是感受外界事物刺激的器官，包括眼、耳、鼻、舌、身等。

1. 视觉

视觉是人类最常用于欣赏珠宝饰品的感官。首先珠宝首饰自身所折射出的光芒会对人类的视觉感觉产生极大的刺激。其次珠宝首饰色彩搭配与造型比例的和谐所产生的美感能为用户提供愉悦的视觉体验。

2. 触觉

用户把玩或佩戴珠宝时都会感知其触感。在设计珠宝首饰时，可以通过不同材质或肌理的运用为用户提供不同的触感体验。素面宝石圆润亲切，切割面宝石坚硬凛冽，玉石温润婉约；金属材质导热快，手感冰凉；而竹木等材质则古朴自然。不同的材质能提供不同的触觉体验，而首饰表面的肌理或本身的造型也会提供或粗糙或锋利的触感。对于触感的设计能使珠宝的佩戴更为舒适，也会使把玩成为唤起情感反馈的体验。

3. 听觉

古时常用“环佩叮当”来形容女子走路的时候身上所佩戴的饰物发出的叮叮当当的声音，清脆悦耳，婀娜多姿，美不胜收，可见配饰不光用于欣赏，其产生的声响也能形成特定的意境。在现代珠宝配饰中，设计师可以根据不同的材质或珠宝的形态赋予珠宝首饰以特定的声音，使音乐也成为珠宝展示的一部分。

4. 嗅觉

同样源自古代，香囊作为古代女子的常用配饰，不光有着精致的外观，更能散发阵阵幽香。嗅觉作为人类常用的感官之一却经常为人所忽略，事实上特定的味道比起其他的感官感受能给人留下更多的印象，引起更多的触动。设计师可以通过特定的机关将香味置于珠宝配饰中，或是使用檀木等自身带有特殊气味的材料来制作首饰，使用户在佩戴珠宝的过程中也能获得别样的嗅觉体验。

5. 味觉

珠宝首饰不同于食物，并不适合置于口中。但是通过这一设计方法，利用特定形态或气味，也能为用户提供虚拟的味觉体验。

认知是最浅层的体验层次，而感官是最基本的认知能力，结合行为交互能使用户最终产生情感反馈，对珠宝首饰形成情感依赖。在珠宝设计中，通过对视觉、听觉、触觉、嗅觉以及味觉等感官体验的设计，能够为珠宝首饰的佩戴者提供更为全面的感知体验，引发最原始的感动，实现珠宝首饰的情感化。

第二节　产品故事与思维导图

一、产品故事

（一）学会讲故事

通过叙述设计个性化作品可以帮助设计师在国际市场中为其作品创建身份。例如费舍尔创造了她的狗牌设计，以庆祝她的第一个儿子的诞生。比尔布拉赫在她的珠宝中加入珍珠，因为她的母亲给了她一条珍珠项链来庆祝她的怀孕。“你不能提供像一些大型珠宝店那样惊人的东西，”她解释道，“你唯一能做的就是提供非常不同和个性化的东西。”

回顾我国传统首饰，发现有些古代首饰也会“讲”故事，是实实在在讲故事——把故事融入了首饰里。这个故事是《十八学士登瀛洲》。这一主题的簪钗有一枚镙丝做成的掩鬓钗，尤为细致。（如图1-9）扬之水老师对它的描绘也分外传神：掩鬓钗首做成云朵状，犹如一个画框，内里树抱藤牵中高高低低的亭台楼阁推成远景和中景，高阁上几人凭栏，近处是一带栏杆的小桥，桥上主人骑马，一人持鞭在

图1-9　《十八学士登瀛洲》簪钗

前回望，仆从徒步，或负剑，或抱琴，或捧盒，一队人马跨桥过水迤逦而行。络头鞍辔虽细如蚊脚，却清晰可辨。桥栏望柱，楼阁门窗，屋脊瓦垄，历历分明。骑马者圆领袍背后的团花，腰间的带銙，手中所持马鞭，马鞍下障泥边缘的连珠纹马鞧带，又桥下之清波，与桥相连之道路上面的斜方砖等，均以简笔传神。从背后的祝寿语也可以看出此钗正为祝寿所打造。瀛洲学士图样的簪钗多见于仕宦之家，所谓"学士文章舒锦绣，夫人冠帔烂云霞"，跟现在的夫荣妻贵，男才女貌，"你负责赚钱养家，我负责貌美如花"的意思差不多吧！

如图1-10，北欧首饰艺术家汉娜·赫德曼（Hanna Hedman）用源于自然的灵感讲述黑暗的故事。赫德曼是一位来自瑞典的首饰艺术家，她热爱旅行，喜欢幻想，也有着北欧人骨子里对大自然的崇敬。在她的首饰作品中，我们常常可以感受到关于自然生命与死亡黑暗间相互对抗的气息，一个个奇妙而神秘的故事也因此被讲述。她的早期作品是通过使用薄的银和铜片创造独特的手工首饰。她的作品由几层组成，就像一个又一个重复的故事，每一件首饰都随着叙述者的不同而改变。她的设计灵感来自人类的弱点、黑暗、死亡、自然和讲故事。

（二）营造故事意境，辅助故事的解读

情景式的叙事是通过珠宝设计进行场景的再现。这样的艺术创作同样需要符号元素的有效复制和情景表达。运用相应的场景、故事、情感去营造一个情景氛围来呈现。正如中国文学中的"寓情于景，以景托情，情景交融"，创造出"引起诗意反映的物品"。意境的营造是为了观者更好地阅读作品。在珠宝首饰的设计中，设计师可以通过单幕的情境或可活动的机关来描绘故事的情节，使用户在观看故事的过程中，产生相应的反思和情感。例如《树枝》（如图1-11），是国内独立产品设计团队Damn Precious推出了的《山海经》中《法宝》系列首饰之一。内容是，树枝上面国王牵着儿子的手。首饰做成金色树，这款首饰的故事中国王是唯一知道死亡秘密的人。在某些月夜，术士们会升起金色的树枝，国王沿着通天的黑色锁链攀上去，即到达死亡彼岸。每次，他都会爬到人们看不到的那种高度，可是每次他都会回来，并带来死亡的启示。首饰设计师为了表达作品的故事内容，运用描述场景来营造一个讲述故事的空间，点明主题的同时吸引观者对情景的融入。

图1-10　汉娜·赫德曼（Hanna Hedman）的作品

图1-11《山海经》中《法宝》系列首饰之《树枝》（Damn Precious）

（三）以首饰为媒介展现精神世界

首饰与社会发展、个人情感等多方面有着密切的联系。随着时代的发展，人们开始探索首饰与人体的关系以及综合材料在首饰中的表现，利用首饰将自己的情感和对事物的探讨表达出来，使其作为一个媒介，一个记录人们情感及事件经过的载体，让创作者可以跟观者进行“交流”。

伯明翰城市大学教授Jivan Astfalck擅长以当代首饰为媒介，以哲学、文学理论和其他思维模式为工具，深刻而生动地向人们表述她细腻而丰富的精神世界。Jivan Astfalck以使用生活中搜集来的零碎旧物制作成叙事首饰的创作风格著称。她认为，身体的装饰，和其他有情感注入的艺术形式一样。构成它的不仅仅有材质、工艺与技巧，同时常常关联着珍贵的个人经验和情感的倾注。这些因素以出人意料的方式糅合在一起，产生了视觉感知的转化，即从作为复制品的图像到作为可以多重解读的图像的转化。如图1-12作品《白色谎言》将白色棉线刺绣在白色纸张上，其中绣出的词语来自“女性”同类相关词汇的搜索。这些词汇提供了多重的图像联想和感知，而不是对“女性”这个词纯概念化的认知。设计师并没有直接用女性的形体形象来表达女性，如“白色”是女性纯洁形象的象征，而“少女”“巫婆”“艺伎”……这些都是代表女性身份的标签。作品提示人们不要对女性下单方面的定义，要从多种角度去看待女性。

如图1-13，设计师将这些白色纸片和缠绕纯金丝线的项链放在一起，而在佩戴这条项链时，由于金属本身材质的特点，纯金的丝线永远不可能像正常项链那样服帖，它会一直对抗着我们惯常认为的舒适合理的“佩戴性”。这件作品也隐喻女性永远不会如想象中那般温顺服帖。

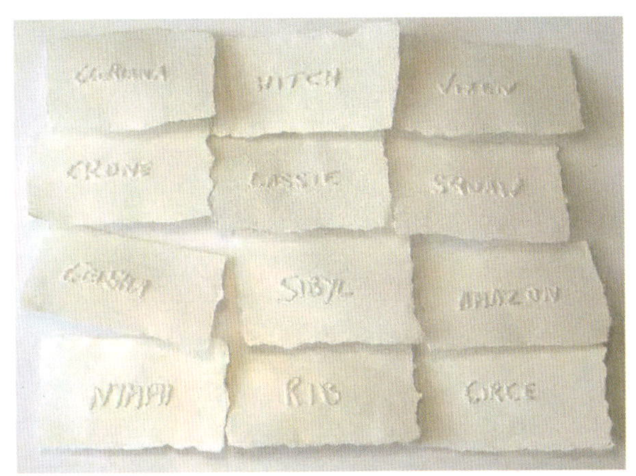

图1-12　《白色谎言》（Jivan Astfalck）

图1-13　《白色谎言——女预言家》（Jivan Astfalck）

（四）自己的故事就是最具独创性的设计

同学们在提取设计元素进行叙事性首饰设计的时候，一定要寻找让自己有所感触的环境、事件或者物体，这样才能让自己有兴趣进行更加深入的探索挖掘。另外，在前期搜索的时候，注意不要对物体进行单方面的判断，要学会发散思维，从多种角度去探寻事物的本质。留心观察生活，生活中所有的元素都可以作为设计的素材和灵感的来源。叙事性首饰设计不仅能够将自身经历和情感表达出来，赋予作品更深层次的社会意义，同时也能通过叙事，引发消费者对自身的情感回忆，让同学们的作品在众多“大而夸张”的作品中脱颖而出。

如图1-14，此作品来源于一个生活中的故事。一天晚上，五岁的女儿随手给妈妈画了一枚蝴蝶戒指，稚嫩原始的绘画手法，让妈妈看着十分喜爱，妈妈希望设计师能帮她把这幅图变成现实。简单的初衷深深打动了设计师：“五岁的童真，五岁的记忆，全部凝结在戒指上，不论过多久，我相信，每当看到这枚戒指，母女俩的美好时光一定浮现眼前。”在设计和制作上，最大限度地保留女孩的绘画初稿，哪怕是一个不经意间的稚嫩拐弯也没有修改。只有这样，才能真实复原出女孩画的蝴蝶，而不是一只程式化的蝴蝶。“后来当女儿看到这枚戒指时，竟然要求也戴在自己的小手上。”戒指定制完成，需要赋予它一个名字。小设计师给戒指起了一个美丽的名字——“蝴蝶妈妈”。妈妈小时候的小名叫作“毛毛”。毛毛—毛毛虫—蝴蝶，女儿画的戒指，无意间诠释了妈妈的人生蜕变。童趣系列首饰打破了产品设计者和消费者这两个角色的固有概念和思维模式，作为消费者的定制品，深度参与设计之中，设计师在创作时不再天马行空，而是更加接近导师的角色，给予最为专业的艺术和技术上的细心指导。每件作品的诞生几乎都有背景故事，这使得作品都具有丰富的内涵，具有了叙事、纪实、抒情等一系列价值。

图1-14 《蝴蝶妈妈》（巨琳）

二、思维导图

（一）什么是思维导图

思维导图，也叫脑图，是英国著名心理学家、教育学家东尼·博赞（Tony Buzan）发明的表达发散性思维的有效图形思维工具。这种思维方式运用发散性的原理，以一个主题或问题为核心进行发散思考，将思考过程中与任务、目标有关的关系、结构、要素等联系起来，通过放射状图形表达出来，使人们能够更容易地抓住事物本质，加深对问题的认知和记忆。

思维导图也叫概念地图，是从一个或几个点出发，发散出不同的概念，之后再在概念之间做链接、发散和拓展，试图找到解决问题的可能方向。矩阵图这个思维导图方法较多运用于与品牌文化相关的活动中。（如图1-15）所谓矩阵图，就是用X、Y轴分别横跨两个不同的价值刻度，例如理性/感性、精英/大众。矩阵图被普遍运用在与品牌相关活动上，包括产品开发、包装、展板设计、标志设计、室内设计、服务设计等，涵盖范围甚广。矩阵图可以协助客户更新既有的品牌形象，或者塑造新的品牌样貌，不论是替一件大家十分熟悉的首饰做些许的修改，或是要从零开始创作一个全新的首饰产品。用这个方法还可以预计设计首饰的知名度与价格，价值、口碑、安全与市场区隔等来定位品牌文化和公司的市场定位及其他类似的产品的了解。

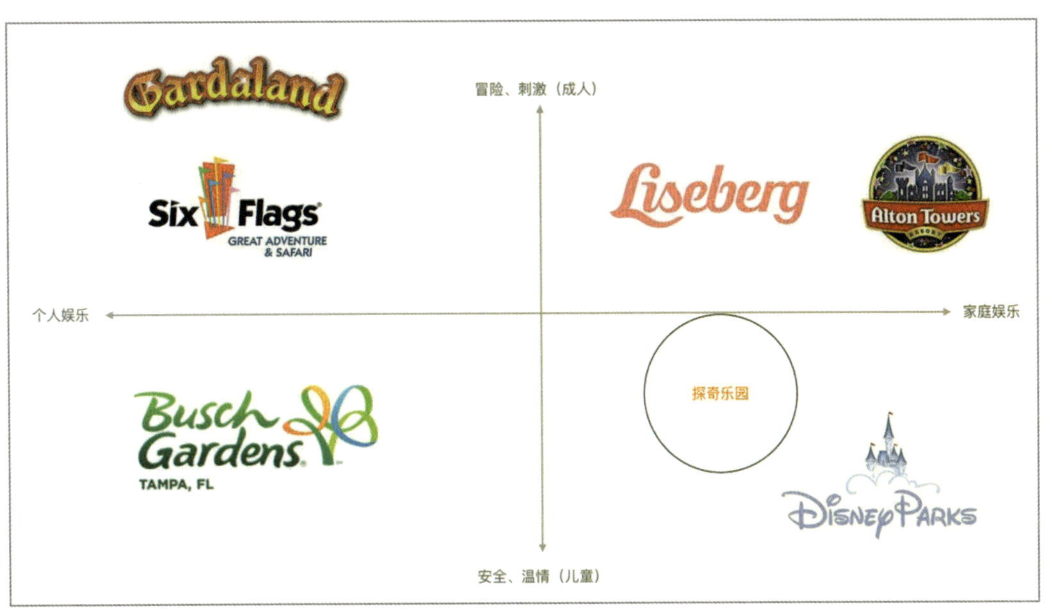

图1-15　矩阵图

头脑风暴是一种激发创造力和强化思考力的方法，可以由一个人或一个团队展开进行。头脑风暴能够运用在日常生活中，也能在合作中帮助客户找到创新的点子。如图1-16，参与者将脑中有关主题的见解随意地提出来，然后再重新分类和整理。整个过程中，无论提出的意见有多么可笑与荒谬，其他人包括自己不得打断和批评，继而产生很多新的观点和解决问题的方法。可以罗列几个很简单的动词（能够、想要、成为），接着在这些动词下罗列一大堆你能想到的事和物，也可以先罗列出一大堆相关的、不相关的词汇，再来做筛选和总结。

（二）思维导图在设计中的作用

2005年，斯坦福大学专门成立了设计思维学院，把认知—动手—协作设计整合为一门核心课程，受到广泛关注。强调设计思维，是为了培养学生拥抱未来的能力。在国内，随着设计内涵、外延的不断改变，教育界越来越重视设计思维，不少高校已经开展了以"设计思维"为主导的设计基础教学，并收获了良好的反馈。作为一种智慧的思考方式，设计思维是分析式思维和直觉思考的平衡，它将开放性与探索性结合起来，保持了创新和系统评价的平衡。设计思维的首要特征是思考视觉化，也就是"思维导图"。（如图1-17）当然，视觉化工具不限于此，还包括草图、流程图、矩阵图、模型等。而要思考视觉化的前提就是打开思路，进行逆向、横向、非文字、类比、头脑风暴等方式的思考，并将思考上升到知觉层面——手脑联动，探索可能性。如此，设计者们才能真正地发现问题，回归设计的初心。设计思维通过创意营造，延伸设计者的视野、情感和价值观，塑造现代生活方式，讲述着未来故事。

图1-16　头脑风暴

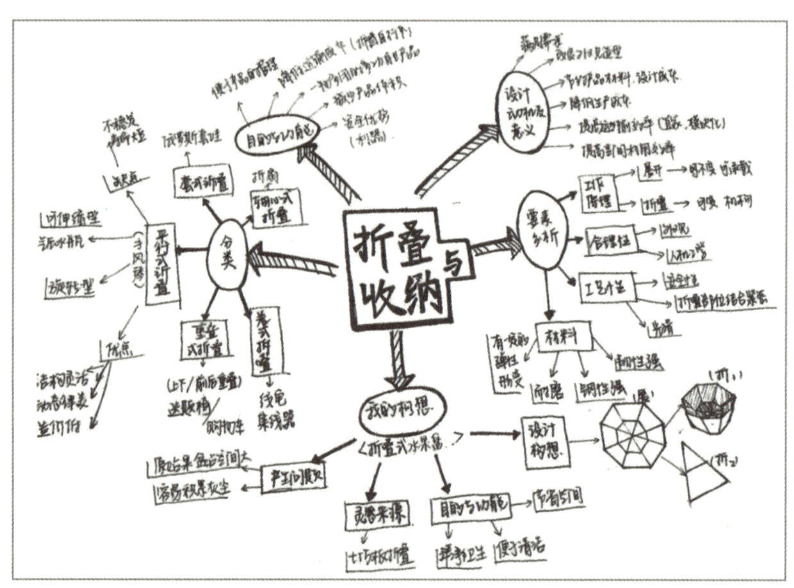

图1-17　产品设计思维导图

思维导图广泛运用于设计过程中，运用思维导图作为设计思维工具有以下作用。

1. 帮助设计师整体看待一个设计问题

思维导图可以将围绕一个主题的所有相关要素和想法用视觉方式联系起来，帮助设计师更加清晰地认识相关要素直接的结构与关系，使设计师能够全方位、整体性地思考设计问题。

2. 帮助设计师发现多种解决方案并进行比较

思维导图的发散思维特性，使设计师能够比较容易地发现多种解决问题的方案，产生更多的设计创意。这时设计师就可以在多个方案中进行横向对比，有效地识别出关键的设计点与创意，选出更优或者最优的一个或者几个方案。

3. 帮助设计师清晰地展现设计创意思路

思维导图除了可以运用于设计创意前期的思考阶段，也可以运用于设计创意后期的创意展示阶段。通过思维导图，可以运用简洁、直观的方式，清晰地阐述设计事物相关的内在关系以及深层次的原因，方便倾听设计方案的受众更容易理解创意思路。

（三）思维导图的制作流程

思维导图广泛应用于设计创意与咨询领域，帮助设计师更好地实现设计目的。但初学者容易找不准使用场景，画不好图示，抓不住线索。结合实践和教学经验，我们尽量用简洁的语言和图例来说明思维导图的绘制方法。思维导图可以个人进行，也可以小组完成，但建议人数最多不要超过10人。绘制过程中不要添加任何约束条件，将大脑中的想法记录在思维导图里，详细步骤如下：

步骤一：将主题的名称或描述写在空白纸张的中央，并将其圈起来。

步骤二：对该主题进行头脑风暴，将想法绘制在从中心放射出来的线条上。

步骤三：在每条主线上继续进行头脑风暴，发散思考，将想法绘制在分支上，以此类推。可以用不同的颜色或者视觉图形标注不同的主干或者层级，方便更加清晰地查看其中的脉络。

步骤四：研究初步绘制的思维导图，从中找出各个方向之间的关系，并提出解决方案与思路。有必要的话，可以在此基础上重新绘制一个新的思维导图。

与传统的书写方式不同，思维导图是以图形的方式表达信息。虽然思维导图中也会有文字，而且是很多文字，但这些文字都是依附于图形，离开了图形的支撑，仅仅留下思维导图中的词汇，我们看到的将是一盘散沙。可以说，图形在思维导图中发挥着至关重要的作用，它是思维导图的骨架，是灵魂。这也是思维导图为什么被叫作“图”的原因。

（四）思维导图中的要点

1. 关于图形

理解图形的作用并积极使用图形是思维导图应用过程中的一个主要障碍。我们大多数人在日常生活中很少画图，却经常写字。所以初学者习惯在思维导图中写上好多字，甚至把一个自然段都搬上来，却不画一个图形。如果你真的希望从学习中获得快乐，并且真的希望自己的成绩能够快速提高，就必须扭转以文字为主的观念，转向以图形为主的思维导图理念。

2. 关于纸张

画思维导图时使用的纸张最好是白纸。任何无关的线条，譬如横格线都会分散我们的注意力，干扰我们的思路。初学者使用A4纸就足够了。纸张的摆放方式与传统书写不同，传统书写是将纸张竖放，而画思维导图时要将纸张横放，这是为了照顾人们的视觉特点。

3. 关于顺序

思维导图的绘制顺序与传统书写也不同：传统书写是从上往下，从左至右进行书写，思维导图的绘制顺序却是从整张纸的中心开始，向四周扩散。传统的书写顺序其实是线性思维的外在表现。而在绘画中，比如你看《蒙娜丽莎》这幅画，最先引起你注意的，也许是蒙娜丽莎的眼睛，接下来你会看她的嘴唇，然后是肩膀…… 不同的人有不同的欣赏顺序，任何一个点都可以成为你思考和关注的起点——这是一种非线性的思维方式。思维导图就是一种非线性的思维方式。在绘制思维导图的时候，除了中心主题是你必须最先绘制的，其他主干和分支都是可以随时调整顺序的。怎么画，先画哪个部分，后画哪个部分，都不是绝对的。这种非线性的思维方式对于我们活学活用知识点是非常有利的。

4. 关于结构

思维导图的基本结构是由“中心主题”“分支线”“关键词（图形）”三部分组成的。中心主题永远处在思维导图的中心地带，这也是我们最先绘制的部分。任何思维导图都有一个主题，而且只有一个主题。我们每次绘制思维导图的时候都要把精力集中在一个大的问题上，而不是多条路出击，分散自己的注意力。围绕在思维导图中心主题四周的部分，是分支线和关键词。每个关键词都像毛毛虫一样紧紧地附着在分支线上，长短相同，大小相宜。分支线和附着在其上的关键词合在一起，被称为“思维导图”的分支。所以，如果我们谈到的“一级分支”，既包括关键词，也包括分支线。按照思维导图各分支与主题的关联远近，可以分为“一级分支”“二级分支”“三级分支”……其中，一级分支是与主题直接发生关联的部分。而二级分支则是与一级分支直接发生关联的部分。相比一级分支，二级分支与主题的关联就是间接的，关联性更小一些，所以也离得远一些。三级分支是与二级分支直接发生关联的部分，与主题的关联更小，所以也离得更远……在理论上，思维导图的分支是可以无限延伸下去的。需要说明的是，思维导图的关键词可以是语言词汇，也可以是图形。事实上，更鼓励大家用图形来表达自己的思想，或者用图形和词汇的组合来表达自己的思想。绘制图形是思维导图最玄妙的一个环节。离开了这个环节，思维导图的魅力和威力都会骤减。

5. 关于色彩

除了图形之外，颜色也是思维导图的重要组成部分。思维导图的主题是有颜色的，分支也是有颜色的，图形更是有颜色的。丰富多彩的色彩会让思维导图更容易被大脑接受为一幅图形，而不是一堆词汇的组合。颜色的使用可以让大脑更兴奋，记忆效率也更高。如果有彩色电视可看，很少人会去看黑白电视。是否善用颜色，也是思维导图初学者和熟练的绘制者之间的差别。

（五）思维导图五大技巧

（1）组合变化，即在应用过程中，思维导图可以根据需要灵活组合出新的图形。如，三角形和圆形组合出新图形。

（2）创新应用，即除了导图的传统功能外，人们可以自由赋予图形新的使用功能。如，用表格图来发散思维，构想创意。

（3）艺术加工，即用色彩、线条、变形、美化等方法和技巧使思维导图变得更富有艺术性。

（4）图文结合，即在以图形为界面的情况下，结合文字或符号使思维导图的功效最大化。

（5）专业范式，即在专业应用中，对于常见的问题可以总结一些经典规范的图式反复套用，这样可以大大提高思维的速度。

掌握了这五大技巧，我们就可以根据思维的需要，灵活设计各种各样的导图，以解决工作和学习中遇到的难题，提高大脑的思维效率。

（六）思维导图中头脑风暴须注意事项

1. 问题的关键词不能少

头脑风暴不能以“我想拉大家一起聊聊这个产品”为开头，这会让你的头脑风暴变得一发而不可收拾。我们在开始的时候就要定义一个明确的问题。因为一次头脑风暴就是让我们讨论和解决一个问题的。有些人可能并不是很能理解这到底是在说些什么。那么我们把它具象化。比如我们不能说“我想让大家头脑风暴一下牛年生肖吊坠怎么优化（设计）”，而是要说“我想让大家头脑风暴一下怎样才能让牛年生肖吊坠打败竞争对手从而脱颖而出”。如果你对牛年生肖首饰的想法不止一个，下次再讨论就好了。我们只能把关注点定在牛年生肖吊坠的问题上，这很重要。然后我们需要把问题的关键词提取出来，这样既简洁又方便我们记忆。我们再来举一个例子：假设要“解决生肖吊坠设计同质化严重的问题”，你可能会冒出很多顾虑，比如成本不能太贵，消费者好接受，要有趣，不能破坏产品高格调的气质等，这么多顾虑不可能全部抛给参与者。所以一开始就要有一个属于自己的筛选，过滤掉大部分的顾虑，确定两到三个核心的关键词。但是，如果自己是需求提出方，关键词就一定要自己来决策，如果是个小交互或者只是个参与者，就应该找最上层的需求提出方（领导），让他给出关键词。关键词越多设计方案越难，所以想偷懒就定少点。总之，我们可以一开始把所有的顾虑都列出来，然后分出优先级，差不多类型的再合并，最终变成“能解决这三个问题我就差不多满意了”的姿态。另外，讨论关键词的时候切记不要去讲解决方案，关键词的背后代表的是期望，头脑风暴还没开始前要先听听对方的期望是什么。

2. 参与者要找不同的角色

假设主题：解决牛年生肖吊坠同质化严重的问题。然后我们得到三个关键词：有趣、消费者好接受、高格调。那我们想出来的方案八成就是“Q版、喷砂、黄金”等这么简单，可是作为一个高级的首饰设计师怎么能这样就知足了呢？万一这个方案被否定了怎么办？万一有更好的想法怎么办？这是最优方案吗？所以必须头脑风暴！头脑风暴最好是找一些背景差异比较大的人，因为如果大家情况都差不多可能想法就被限制了，提出来的总是“Q版有趣，黄金显格调”等。但是也有同学顾虑说万一差异太大的想法不靠谱怎么办？其实这也没关系，因为头脑风暴的节奏是先发散后收敛，所以前期的目标是收集的想法越多越好，其间不要太考虑实现顾虑（当然也不能太离谱）。头脑风暴的发起者是整个过程的分析者，不要太在意大家怎么说，只要你心中有谱就可以了，而且有的时候听到“离谱”的想法说不定会激发你自己的一些灵感。

3. 做到不批评也不点评

这个是最重要的一点。每个人都会有自己的想法，但他人的评价会影响自己想法的提出或者最后对这个点子的认可。所以头脑风暴最重要的就是让大家无负担地表达自己的想法！最好都不要说话，免得互相影响。我们做头脑风暴的时候把三个关键词写在白板上，然后让参与者把想法写在小便签纸上贴在关键词后面（每个想法对应一个关键词），使其构成一个头脑风暴的思维导图。这个发散的过程是需要控制的，比如让一个同学一开始只想一个关键词，如果15分钟后实在想不出来，就去想下一个。当三个关键词都想得差不多了，再互相看看大家的答案，然后看看自己还有什么补充的（不过这期间最好仍然不要说话）。

4. 必要的维度分析

当每个人都提出自己的点子的时候，你会发现，这些点子犹如洪水般劈天盖地而来，那么，最终我们该如何选择呢？这个时候拉上做这个项目的设计师和产品经理，最好是老板一起来对点子进行评估。给思维导图中的每个关键词画一个象限表，纵轴叫“解决效果”，横轴叫“实现成本”，把这个关键词下面的点子往这个象限表上贴。当一个想法同时满足所有关键词，且效果也不错，实现成本低的时候，可能就是一个绝佳的解决方案，你只需要去看看是否有坑，然后快速推上线去实验一下效果就可以了。

5. 一定要留下记录

把头脑风暴的全过程记录下来，尤其最后分析环节对当下不太适合的点子，可能会对其他角色比如产品或运营的同学有所启发，又或者技术突破的时候不好的点子就变成了一个好点子，所以收集到的这些脑细胞千万不要浪费。至于抄送全组还有一个很大的功效就是要告诉大家：如何用正确的姿势做头脑风暴，毕竟思维导图不是万能的，在思维导图的基础上，还得靠你们的智能大脑。

（七）主题首饰设计思维导图案例

如图1-18至图1-24，是主题首饰设计实践过程中的思维导图部分，包括以文字为主的表达形式和以图形为主的表达形式，无论哪种形式，最重要的是充分的发散和有效的元素提取。

图1-18 “生命的奇迹”主题首饰设计多人思维导图（广州商学院首饰设计工作室）

图1-19 越秀区广府文化主题首饰设计多人思维导图（广州商学院首饰设计工作室）

图1-20 越秀区广府文化主题首饰设计思维导图与效果图——五羊（黄晓凡）

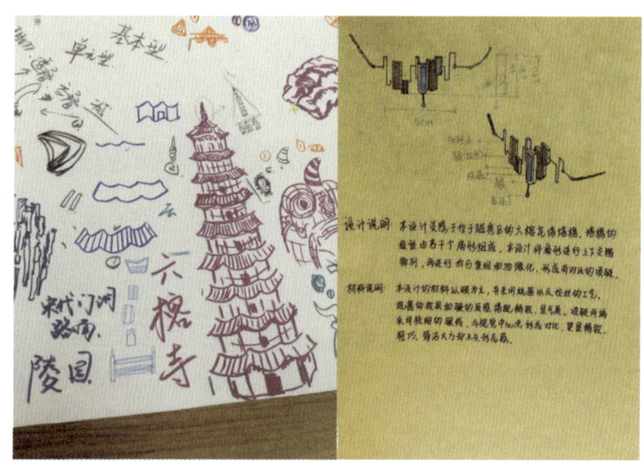

图1-21 越秀区广府文化主题首饰设计思维导图与效果图——六榕寺（魏芳钰）

图1-22　《白日梦游》系列首饰设计单人思维导图与草图（刘李芷芮）

图1-23　《林中叶》系列首饰设计单人思维导图与草图（吴仰玲）

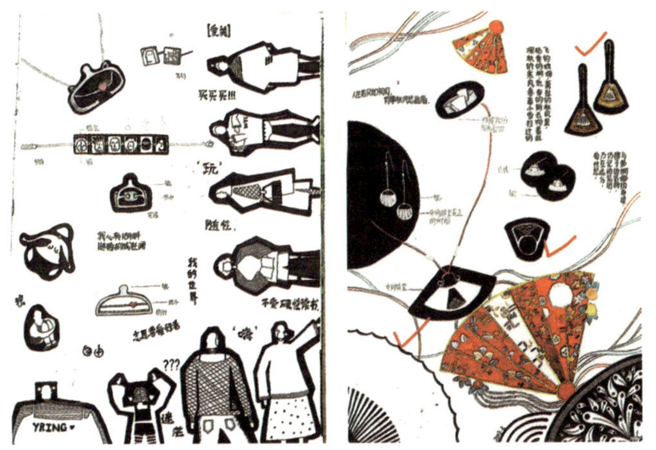

图1-24　《我的世界》《扇》系列首饰设计单人思维导图与草图（吴仰玲）

第三节　用户调研及受众分析①

这是一个民意为先的时代，这是一个顾客至上的社会，这是一个事事以趋势为出发点的市场。在这样的一个时代，作为设计师同样也需要掌握了解他人、认识社会、把握商机的最基本工具，这个工具就是调研。

首饰设计的第一步是什么？通常首饰设计师在进行个人的艺术首饰作品制作第一步时总会进行灵感的捕捉、主题的制定、工艺和材料的试验等，最终根据主题的内容和各种试验结果来绘制设计效果图，再根据效果图进行实物的制作和设计调整。而市面上的首饰商品在进行批量化生产和推向市场之前，总是开展了一系列的设计工作。这些工作的初始阶段就是对首饰的设计调研。

① 戴力农：《设计调研》，电子工业出版社，2016；李乐山：《设计调查》，中国建筑工业出版社，2007。

传统的工业产品在设计工作的第一步，总是进行产品的设计对象——用户的调研和分析，从提出问题，到确定需求，再到设立设计项目。同样，首饰产品设计的第一步也是对受众的调研和分析。通过对不同的个人或群体的文化背景、审美特征、需求喜好等展开一系列的资料收集与调查、研究与分析，得出具有明确设计指向性的需求报告或设计报告，再来进行产品构思与具体的设计开发。想要完全预测市场是不可能的，只有根据人们的潜在需要去主动开拓市场，引导消费时尚，才能提高生产的预见性和主动性。新的首饰产品的开发往往是沿着首饰市场的差别化和细分化而进行的，因为新的造型形式和新的佩戴方式总是从现有方式中分化和改变而来。首饰设计市场应依靠新的结构方式、新的材料替代、新的造型能力、新的故事共鸣，重视人们对于首饰需求的多样化和发展变化的研究，从而满足消费者的需求，并给消费者以耳目一新的体验和感受。

一、首饰设计调研与分析基础

首先我们要区别设计调研与传统的市场调研之间的差异，不能一概而论地将市场调研定性为设计前期调研工作。首饰设计的设计调研是为了设计和制造符合受众用户需求的首饰产品。李乐山老师在《设计调查》一书中提到过设计调研与市场调研的区别主要表现在调研目的、调研对象、调研内容、调研方法以及分析方法等方面。设计调研与市场调研的调研对象不同。市场调研的对象是消费者，主要为了了解他们的购买动机及消费行为。而首饰设计前期调研的对象则是用户。需要研究的内容包括购买动机、首饰佩戴目的、佩戴过程、审美形态、佩戴心理变化等。

二、首饰设计调研数据收集

以下针对首饰设计的特性，介绍几种最常见并容易上手、适合初学者的设计调研方法。

（一）观察法

“我们在不同程度上都是人类的观察者。”英国作家德斯蒙德·莫里斯如是说。观察法是我们收集数据最基本、最直接的方法。科学的观察法具有目的性、计划性、系统性、可重复性。观察法的设计体现在四个维度：布景、结构、公开性以及参与水平。布景指的是真实环境或者人为环境，被观察者需要在限定的环境下自然活动，所观察出来的数据才更具真实性。结构指的是定性研究，非结构化研究。信息全部记录，后期逐步筛选。定量研究，必须建立结构，进行编码加以分类。公开性指“观察者效应”：自然真实，观察者配合，要求完成某项任务。参与水平关系到两种观察方式——参与式观察和非参与式观察。参与式观察：观察者参与被观察者的活动当中，在相互接触与直接体验中倾听和观察被观察者的言行。观察者既是研究者又是参与者。非参与式观察：以“旁观者”的身份来了解事物发展的动态。可采用录像的方式对现场进行记录。

观察法步骤：（1）明确研究方向。（2）观察准备。（3）观察的POEMS框架。（4）整理分析。观察法的主要优点：（1）调查的结果比较真实可靠。（2）用仪器进行观察，比较客观。观察法的主要缺点：（1）表面活动，不能了解其内在因素。（2）与询问法相比较，费用和时间较多。（3）调查结果是否正确，受调查人员的业务技术水平所制约。

（二）单人访谈法

尽管观察法极其重要，但往往无法获得用户的思想过程，因此访谈成了一种常用的方法。根据项目和研究要求的不同，访谈的形式可以做很多调整来适应所需要的目标。访谈的内容包括产品的使用过程、使用感受、品牌印象、个人经历等。访谈的主要执行者，谈话人一般被称为主持人，而接受的用户为被访者。

1. 访谈流程

（1）确定被访者。

①了解研究目的和研究对象。

②提出基本的问题：提出假设性的问题，然后在访谈中去验证是一个很好的方法，避免诱导用户。

③编写筛选文档：包括被访者的基本信息、被访者的一般行为信息、被访者和项目的有关信息，以及被访者的社会学信息，例如性别、年龄、职业、联系方式、家庭状况等。

（2）挑选被访者群体。

①个人数据库。

②筛选过程：去除不符合条件的。

（3）安排日程与邀请。

这里注意预留备选候选人，通常每10人预留1～2人。

（4）事前准备。

需要把材料、访谈工具准备齐全，如果需要电脑、录音笔、摄像机，则需要提前进行检查。

确定访谈结构：①介绍。②暖场。在正式访谈之前需要让被访谈人进入放松自在的状态。可以通过轻松的询问入手，例如“您过来还方便吗？”等。③一般问题。例如“请您说说平时是怎么使用×××的，能和我们描述一下吗？”④深入问题，追问是关键。

（5）回顾与总结。

（6）结束语与感谢。

2. 主持人与访谈人访谈技巧

（1）提问方式：尽量避免让用户从两者中进行选择，可以多问问“是怎样的？”“原因是为什么？”等。

（2）倾听与回应：是让对方自由放松的一种方式。

（3）重复与释义：可以适当重复用户说的话，但是要避免扭曲用户的意思，或者诱导用户。

（4）跟进与深挖：要抓住问题的结果，多追问几句。

3. 访谈环境

轻松舒适，主持人和用户的位置可以稍微有个角度，不要太过对立。此外，环境的光线、装饰、摆设都会影响整个气氛。

4. 记录访谈

（1）观察。

（2）影音存档：将视频、音频和访谈大纲等材料一起刻盘。

（3）问题即数据：每一个问题，所产生的答案和理由，将是分析的基础，将各个用户在同一个问题上的回答，联系起来推敲、分析，从而得出用户的思考、价值观、态度和设计的方向，这便是这些数据的价值。

（三）问卷调研法

问卷调研法也称问卷法，是指调查者通过统一设计的问卷来向被调查者了解情况、征询意见的一种资料收集方法。这种调研方法起源于心理学研究，在社会调查的各个领域得到广泛应用，也是用户研究或市场研究中常用的一种方法，可以在短期内收集较大量的信息，借助网络传播之后可降低成本，有广泛的应用性。

1. 问卷的类型

按问卷中提出问题的结构形式可以分为结构问卷、无结构问卷和半结构问卷三种。如图1-25结构问卷是一种限制性问卷，优点在于易进行大样本研究，问卷问题具体，回答简单省时，回收率和信度系数较高，易于统计分析和对比；缺点是限制多，被调查者的回答不一定真实。如图1-26无结构问卷通常并非完全无结构，其优点在于易进行小样本研究，限制少，虽然只有回答，但能得到丰富的资料，可以进行较深入的研究；其缺点是，问卷的回答无统一格式，难以进行定量分析和对比分析，有时数据与研究问题无关，影响效果。如图1-27半结构问卷是混合了结构问卷和无结构问卷两种形式的问卷，它融合结构问卷和无结构问卷的优点，取长补短，能提高研究的科学性，但在统计时难度会增加。

实验艺术首饰设计——基础数据调查

欢迎参加本次调查，在此不胜感谢！

Q1：性别
□男
□女

Q2：年龄
□10-21
□22-31
□32-41
□42-51
□52及以上

Q3：喜欢饰品吗？
□喜欢
□不喜欢
□一般

Q4：有佩戴首饰的习惯吗？
□有
□没有
□偶尔

Q5：关于第一次接触首饰的记忆出现在哪里？
□商场
□朋友
□饰品店
□父母

Q6：提到首饰，你的第一联想是什么？
□耳饰
□发饰
□戒指
□手部饰品
□胸针
□项链
□其他

Q7：喜欢佩戴首饰的形式？
□耳饰
□发饰
□戒指
□胸针
□项链
□手部饰品
□其他

Q8：日常佩戴饰品的时长？
□一时半刻
□一天
□一星期
□一个月
□三个月
□一年
□三年以上

图1-25　结构问卷样例

19.选答题：您在佩戴首饰时遇到过什么不便？您还希望现代首饰增添什么功能？

20.选答：请描述一款您最喜欢/最想拥有的首饰，无任何限制条件

图1-26　无结构问卷样例

11.购买首饰时，您最看重（最多三项）*
□设计款式
□价钱
□价值可否保值增值
□材质
□品牌
□与自身服装的协调性
□流行性
□包装
□重量
□售后
□其他 ____

12.你购买首饰后会出现的问题（多选）*
□首饰不知道如何搭配
□首饰太多，很难快速翻找到
□首饰太多太杂，忘了之前买的款式
□款式过了一阵就过时了
□经常佩戴起来不方便
□难以保管
□质量损坏
□其他 ____
□没遇到过什么问题

图1-27　半结构问卷样例

2. 问卷发放的方式

（1）当面访问。

研究者将选择并培训一组访问人员，带着问卷奔赴各调查地点，按照调查方案和调查计划的要求，与所选择的被调查者进行访问和交流，并按照问卷的格式和要求记录被调查者的各种回答。因为调查者常常在街上邀请被调查者填写问卷，所以这种访问问卷也称为街访。

（2）电话访问。

现在人们日常最常见的互动和联络方式是电话沟通，所以利用电话来进行调查问卷工作也是非常便利的，但是采用电话访问形式调查有时候容易受到访问对象的拒绝或失去耐心，甚至反感，为了可以让调查工作取得更好的效果，就要注意在开展电话访问调查的时候要遵循“礼貌、简短、清晰”原则，适当的时候可以有一定奖励等措施。

（3）网络问卷。

网络问卷，即利用互联网进行问卷调查的方式，通常调查者将已设计好的问卷放到网络上，并告知被调查者按照要求进行问卷的在线填写或下载填写后发回到相应的邮箱。网络问卷具有经济、环保、快捷、传播范围广泛等优点，已在各个行业得到广泛的应用，但网络问卷在信度上缺乏保障。当前，除了专门提供网络问卷调查服务的网站，如问卷星、调研系统、问卷网、调查派等，还有针对众多手机客户进行调查的各种问卷调查应用程序。

3. 问卷结构的设计

问卷的结构一般包括问卷题目、封面信、指导语、问题和答案、编码和其他资料。

（1）问卷题目。

问卷题目应当符合研究目的。题目可以是具体的、抽象的，如问卷内容涉及隐私，使用抽象题目较好。例如：传统风格首饰设计问卷调查，实验艺术首饰设计——基础数据调查。

（2）封面信。

说明“我是谁”“为什么要做这个调查”，介绍调查者的身份、单位信息，以及本次调查的内容和目的，说明调查对象的选取方法和保密措施、感谢语及署名。例如：大家好，我们是×××学院首饰设计工作室调查小组，本次问卷旨在了解结婚十年内的夫妇，在珠宝首饰购买上的偏好。问卷以匿名形式进行，如有需要，调查结果将分享给每一位参与者。谢谢！

（3）指导语。

对填表的方法、要求以及注意事项做逐一说明，目的是让被调查者清晰了解该如何填写。通常可以写在封面信当中，也可以单独写在封面信后，还可以分散在调查问题之后。例如：每一个问题只能选择一个答案，请在横线处填写适当的内容。

（4）问题和答案。

问题和答案是问卷的主体，也是最重要的部分。问题也称条目，即问卷中向被调查者提出的问题，是获取研究对象信息的工具，问题内容应与研究目的相符，表达要简洁明了，问题形式可以分为开放式和封闭式两种。

（5）编码和其他资料。

编码，即给每一个问题及答案编上编号，目的是将文字资料转化为数字，方便后续计算机统计与分析的处理。其他资料包括问卷编号、调查员编号、审核员编号、调查日期、被调查者的信息、被调查者合作情况等。

4. 问卷问题的设计

（1）开放式问题——问题+留白。

开放式问题是指对问题的回答不提供具体答案，由调查者自由填写。开放式问题具有灵活性、适应性强，以及有利于被调查者自由表达意见的优点；其缺点是标准化程度低，难以进行整理分析，容易出现无价值的信息，回答得不准确，答非所问等，影响回收率和有效率，对被调查者文化程度要求高且要花费较多时间填写。例如：您在哪些场合会佩戴珠宝首饰？

（2）封闭式问题——问题+答案。

封闭式问题通常将问题答案全部列出，由被调查者从中选取一种或几种答案。其优点在于容易进行编码和定量分析、回答问题省时间，以及容易取得被调查者配合；其缺点是缺乏弹性，容易造成强迫性回答，有可能造成乱填或敷衍。封闭式问题主要有这几种形式：两项式（只有两个答案）、多项式（有两个以上答案）、顺序填写式或等级式（要求被调查者列出先后顺序或不同等级）。例如：（两项式）您是否接受银质首饰？是或否。（多项式）您通常会佩戴哪种首饰？项链、戒指、手镯、手链、耳坠、耳钉、其他。（顺序填写）您购买珠宝时考虑的因素有哪些？请按其重要程度排序：价格、工艺、材料、品牌、款式、服务。

（3）后续性问题。

有些问题只适用于样本中的一部分调查对象，调查对象是否需要回答这一问题，需要根据他对前面某个问题的回答结果而定。例如：您是否已婚？是，请回答第3题；否，请回答第2题。

（4）问卷问题设计的注意事项。

①研究目的是问卷调研的核心，所以研究目的必须明确。

②问题应当具体明确，不能抽象笼统。如：一般喜欢、还可以、挺喜欢等。

③避免出现复合型问题。如：您喜欢戴项链、手链、戒指等珠宝首饰吗？

④问题应通俗易懂，使用的语言要尽量简单，不要用复杂抽象的概念和专业术语及略缩语。如：您喜欢哪种首饰风格？巴洛克风格、新艺术运动风格、中式传统风格等。

⑤避免倾向性和诱导性问题，通常社会头衔、权威地位、职业、情感字眼及其题目的提法都会影响

被调查者对问题的理解和答案的选择。如：许多新婚夫妇都会选择钻石戒指作为结婚信物，您的选择是？

⑥不用否定形式提问。如：您不会选择复杂的款式，是吗？

⑦不要直接提敏感性或威胁性的问题，比如关于个人利害关系、个人隐私、各地风俗习惯和社会禁忌等问题。如：您的收入情况，您认为自己所处的社会层次等。

⑧对一些敏感问题的处理。如必须提出一些敏感问题，可以模糊化处理，或转移对象，或采用假定法，或提供背景信息，或设计辅助题目等。如：您的年收入在哪个区间段？1万元以下、1万元~10万元、10万元以上等。

（5）问卷问题的数目。

一份问卷包含多少个问题，要依据研究目的、内容、样本性质、分析方法、人力物力财力等因素来决定，没有固定的标准，通常与首饰设计相关的用户调查，最好控制在10分钟之内，最多不宜超过15分钟。如经费允许，可以付给被调查者一定的报酬和奖励，这样问卷质量会比较高。

（6）问卷问题的顺序。

从总体上说应遵循由浅入深、由易至难、先事实后观念态度、先封闭后开放、先有趣后严谨的顺序。

考虑问题应层次分明，将有逻辑顺序、相关联的题目放在一起。

从具体题目安排看，每部分问题应按照逻辑顺序排列，相互检验的问题要隔开。

5. 问卷答案的设计

（1）答案的分类。

①是非型：即"是""否""有""没有"的回答形式。

②选项型：提供若干个答案，根据要求选一个或多个。

③排序型：列出若干选项，调查者按要求进行顺序排列，一般不超过10个选项。

④等级型：给出若干答案，按"大小""轻重"等顺序排列。

⑤模拟线性型：给出一条一定长度的直线，直线两端给出两个意思相反的词，由被调查者根据自己的感受在直线上相应的位置做标记。例如：你喜欢×××的设计吗？根本不喜欢，非常喜欢。

⑥视图模拟型：以具有明显视觉效果的图形、图片作为答案。

（2）答案设计的注意事项。

①答案的设计要符合实际情况。

②答案的设计要具有穷尽性和互斥性。如错误案例：您平时的着装是？休闲装，职业装，礼服。

③答案只能按照一个标准分类。如错误案例：您最喜欢下列哪种材料的首饰？黄金，白银，玫瑰金，铂金，钻石。

④程度式答案应按照一定的顺序排列，前后须对称。如：您认为新上线的×××产品如何？非常好，很好，一般，不太好。

6. 问卷的实施步骤

（1）选取被调查者。

被调查者的选取通常用抽样法，可随机抽样，也可分层抽样，视问卷的具体情况而定，通常选取的被调查者数量应多于所需的研究对象。

（2）问卷设计的前期探索工作。

在问卷设计之前应先做一个摸底，了解被调查对象的基本情况，以便对各种问题的提法和可能的回答有一个初步的认识。常见的方式有查找文献、熟悉选题、深入调查地区、体验实际情况、走访调查对象、交流调查问题等。

（3）设计问卷初稿。

问卷初稿的设计通常有两种方法：第一，卡片法。写卡片，用卡片分类，在类中排序，在类间排序，检查修整，形成初稿。第二，框图法。思路是总体结构—部分—具体问题，可画出问卷各部分及前后顺序框图，考虑各部分前后顺序，写出每个部分的问题及答案，安排好问题相互间的顺序，对所有问题进行检验、调整和补充，整理成文，形成问卷初稿。卡片法和框图法可以结合使用。

（4）试用修改。

问卷初稿试用主要有客观检验法和主观评价法两种。

①客观检验法，适用于大型调查，在正式调查的总体中抽取一个小样本（30～50份）进行调查，检查分析调查的结果，从中发现问题和缺陷，并进行修改。检查和分析的内容有回收率（＜60%的有问题），有效回收率，对未回答问题的分析，对填答错误的分析。

②主观评价法，适用于小型调查，将问卷初稿送至相关领域专家、研究人员以及典型的被调查者处，请他们根据经验和认识，从不同的角度和方面直接对问卷进行评论，指出存在的问题和需要改进的意见。

7. 问卷的发放、回收、分析

（1）问卷的发放。

此点在之前有详细叙述，此处不做赘述。

（2）问卷的回收。

问卷的回收率如果仅在50%以下，资料只能做参考；回收率在50%～70%，可以采纳建议；当回收率在70%及以上时，可以作为研究结论的依据。除此之外，还要确定调查问卷的总数和有效问卷的数目及其比例。

（3）问卷的分析。

通常问卷数据的整理分析需要删除不完整的答卷、多选题全选的答卷、逻辑矛盾的答卷，还需要根据答题时长来筛除问卷，问卷答题时间过短，反映了答题态度不认真，答题时间过长，反映了答题时受外界干扰较多。准确丰富的筛查手段有助于进一步提高数据的质量。

问卷的统计分析通常是定性和定量相结合。定性分析是一种探索性的调研方法，目的是对问题定位提供较深层的理解和认识，通常以问答题进行定性分析。定量分析是对结果做出一些简单的分析，例如百分比、平均数等，通常选择题可以进行定量汇总，较复杂的定量分析需借助软件工具，如SPSS（统计产品与服务解决方案）、SAS（统计分析软件）等。

（四）头脑风暴法

头脑风暴法在本章第二节第二点思维导图中有一定的介绍，同时在设计类基础课中也有大量的讲授与实践，此处不再赘述。

（五）现场试验法

现场试验法，又称作现场实验法、实地实验法，是社会心理学研究方法的一种，是指在实验室之外、真实、自然的社会生活及情境中进行的社会心理学研究活动。现场试验法由于其及时性、真实性和有效性，已成为社会心理学的一个重要类型。本书的最后一章《首饰产品的市场检验及发展趋势》即是使用现场试验法，以各种创意市集为试验情境，通过设计师亲自售卖自己的产品，结合访谈法、观察法获取产品的市场反馈与消费者反馈。

1. 现场试验法的6个因素

（1）受试者样本性质。

现场试验法的受试样本一般是在所研究问题的真实参与者中随机选择的，力图使样本能够具有代表性。如：在创意市集上，设计师会观察所有对自己作品感兴趣（观看、试戴、询价等）的消费者并进行访谈及数据收集。

（2）受试者带入试验中的信息性质。

受试者可能对试验中的产品或任务具有先验的信息，这就需要测试者通过一定的试验设计使这种信息的重要性减弱。如：产品售卖时，在消费者询问之前，设计师暂不做任何介绍和引导。

（3）商品性质。

试验涉及的商品本身也是构成“现场”情境的重要因素。如：耳环的使用频率与适用范围本身就高于鼻环等产品，其自身性质应作为考虑的因素。

（4）试验中任务的性质。

受试者在试验中从事的任务是现场试验的重要组成部分，具有丰富经验的人和缺乏经验的人在特定任务中会表现出明显的差异。如：珠宝首饰资深买手与一般兴趣爱好者在选择首饰的时候偏向性会不一样。

（5）风险性质。

在实验室和实地情形中面临的风险性质是不同的，这会影响行为，人们在真实情况下会谨慎对待，而在实验室中则可能会轻率决定。

（6）试验环境。

受试者所处的环境同样可能会影响行为，真实的环境可能会为行为提供启发或策略背景。如：创意市集的位置影响消费者在选择首饰产品时对价格、材料、款式等方面的考虑。

本书推荐的首饰产品使用现场试验法进行设计调研有几个先决条件：第一，具备创意市集或类似的销售平台，短期、成本较低，能够直面市场；第二，设计师即为调查人；第三，调查人具备一定的调查经验，有较为敏锐的观察力与访谈能力，对数据采集、定量定性分析较熟悉。

三、数据分析方法

（一）数据对比分析

数据对比分析是定量研究中最为常用的、基础的分析。（如图1-28）研究关系包括大小比较关系、趋势变化关系、占比关系、相关性关系。其特点是直观、可识别。直观展现各种调研数据，能通过行、列、单元格数据进行对比分析。可以从表格中直观地总结特点和数据的占比，从而为新的搭配设计提供思路。

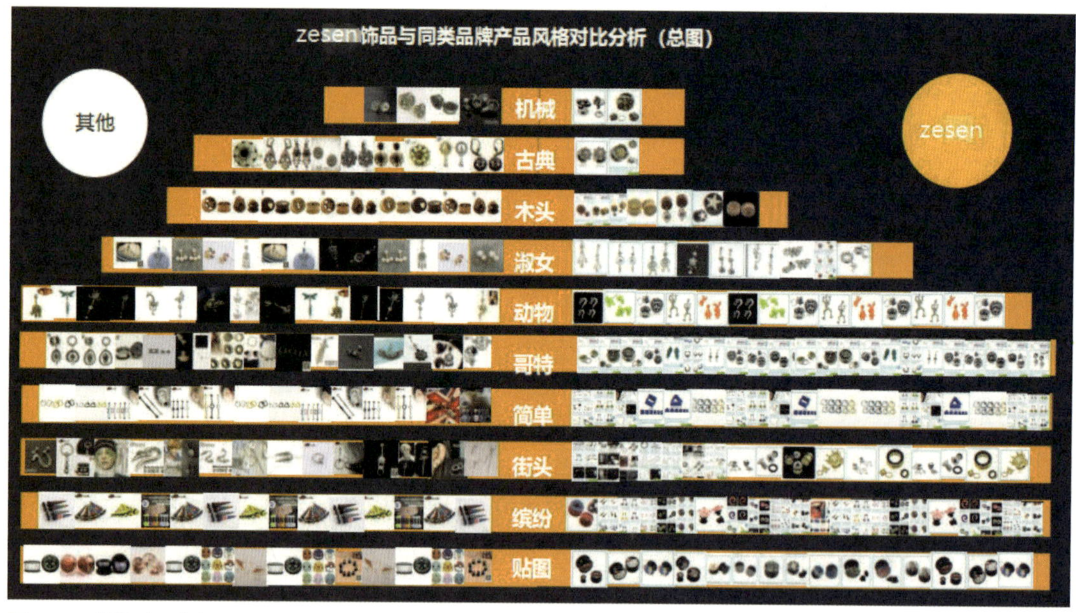

图1-28　数据对比分析

（二）横向坐标轴分析

横向坐标轴分析是设计分析的常用手法之一。（如图1-29）利用坐标定位的方式将收集到的大量资料进行坐标定位可以直观地展现资料的大体分布。其方法是使用多个两端对应的轴将平面分割成多个

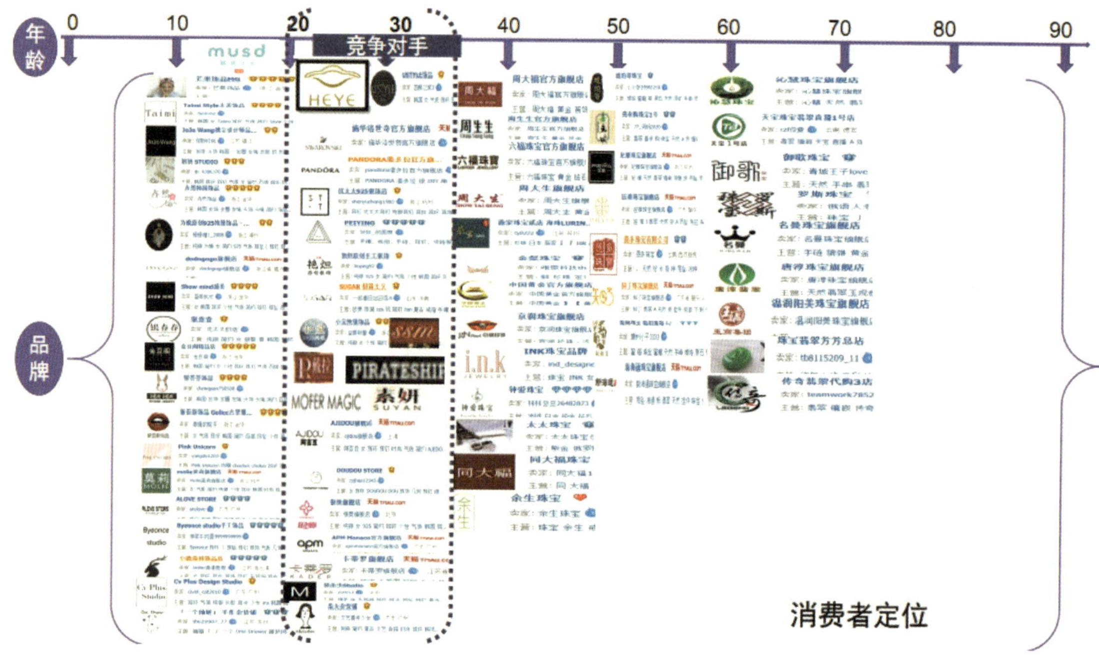

图1-29　横向坐标轴分析

象限。然后再根据轴上的刻度对资料图片进行定位。一个简单的坐标分析原形就可以细分出多个定位方格，可以将收集的资料图片定位并观测其在整体数据中的表现。

（三）情景分析、角色人物分析、故事板

情景分析法又称脚本法，是假定某种现象或趋势将持续到未来，对预测对象可能出现的情况或引起的后果做出预测的方法，通常用来做出设想或预测。（如图1-30至图1-32）情景分析就是一个很有力的框架，用来构建故事，通过故事，把用户、环境、行为等要素串联起来，并细腻地捕捉用户在实际场景中的生理、心理特点，帮助设计、产品找到潜在的问题和市场机会。角色人物分析，是基于真实人物的行为、观点、动机，建立人物角色模型，将未来的用户变成一个个栩栩如生的人，设计师通过模型可以清晰地看到未来用户的样子（工作、家庭、爱好等），这种方法可以很好地帮助设计师跳出“为自己设计”的惯性思维，尽可能减少主观臆测，理解用户真正需要什么。故事板是以图或表的方式说明其构成，将连续画面进行分解，并且加以标注，用户体验研究分析中的故事板，能够帮助研究者理解用户心理与行为、用户使用场景、用户需求，以及对未来产品的使用行为做出设想和规划。

图1-30　《迷离》（蔡丽萍）

那么为什么我们会将这三种分析方法放在一起介绍呢？因为通常我们在首饰专题设计的过程当中会综合使用这三种方法，或两两结合，或三种结合。如：我们使用角色人物分析，通过“发现用户、建立假设、调研、发现共同模式、构造虚构角色”建立一个喜爱简约时尚风格的25～35岁白领丽人的人物角色卡片，接着使用情景分析“归纳情景故事主线、收集情景故事要素、整理完善情景故事、标注情景故事中的要点”，分别虚拟“逛街、上班、休闲”等故事场景，最后使用故事板将各场景联系起来并视觉化。当然这个过程可以完整地表现出来，也可以根据设计需要进行简化。

图1-31　《鲸落》系列之《延续》（张家嘉）

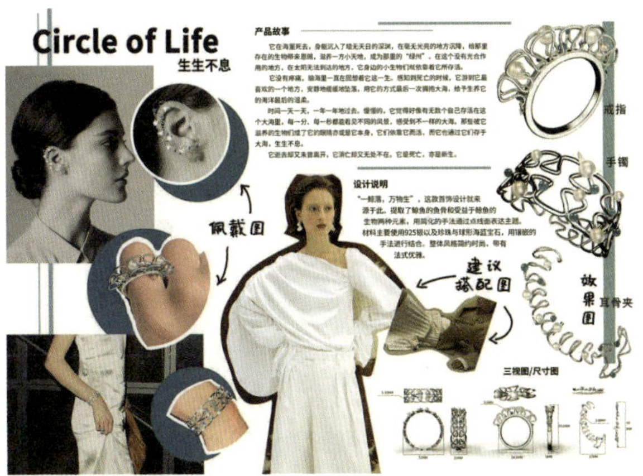

图1-32　《鲸落》系列之生生不息（张家嘉）

四、调研的误区

（一）设计师与用户之间的区别

在进行首饰设计与工作之前，设计师必须摒弃自己就是用户一员的想法，避免将自己的意愿直接认为是用户的需求。设计师对首饰的审美和佩戴需求与广大普通用户之间同样存在差异。设计师可以向市场推出具有审美引导性的设计作品，但要避免为自己做设计。要忽视自己的个人需求和个人审美取向。同时，用户意见也存在局限性。虽然重视用户的意见会给人一种以用户为中心的调查方法的感觉，但是在用户调研阶段并不能完全依赖用户行为和意见。设计师要根据用户的建议，分析用户在提出该建议时的主要目的和潜在需求。应该主要分析用户行为，而不是用户意见。不能单纯把用户当成设计师。设计师在调研时需要深入观察与分辨用户所反馈的需求，通过充分分析来验证用户的行为。

（二）端正用户对品牌的审美认知

审美是指外界各种形式通过感官、认知和情感引起的情感性的心理感受。所以分析审美并不是分析外界物像形式，而是分析用户内在的情感和心理。在珠宝首饰消费市场中，人们对品牌首饰产品的认知通常存在一定的“先入为主”的表现。对于市面上冠以某某品牌的首饰产品，总会根据该品牌的市场影响力进行先入为主的审美判断，从而忽视了首饰产品本身的美感和佩戴舒适性等。而对于不被广泛认知的首饰品牌产品，则抱以过于主观和片面的评判。

（三）避免把设计调研变成单一的问卷调查

许多刚入行的设计师或者学生会将问卷形式作为唯一的设计调研方法。简单粗略地设计十几道问题，在各大问卷平台上发放并定期收回，就想以自动统计的图表数据定义设计的需求和方向。通常这类问卷设计题型并没有真正意义上涉及用户群体的需要，且不管问卷平台填写该问卷的样本是否符合设计调研的目标。所以不能单纯地把设计调研变成简单的问卷调查，设计调研的方法和过程应该是多样的、综合的。结合观察、访谈、问卷、案卷等方法开展全面的样本选取和详细的分析，才能得出较为有用、有效的调研结果。

（四）首饰用户群体分类的划分

消费者天生就存在差异，并不是每一个顾客都适合成为某品牌货、某首饰产品的忠诚用户，如果设计师想要最大化地实现产品的可持续设计，就要明智地关注正确的顾客群体。对消费者进行细分是重要的一步，一般我们会根据人口特征与购买历史、顾客对产品的价值等方面对顾客进行划分，比如年龄、消费能力、兴趣爱好、职业等。我们可以提出许多不同的划分方法，可以选择不同的细致程度，不同的划分方法肯定会带来不同的效果，但是这些方法都夹杂着设计师不少的主观判断，很难分析验证。所以这个时候我们可以依赖一些大数据、人工智能的新科技工具与方法，许多网络平台都积累了大量的用户属性和历史行为数据，我们可以借助一些已有的公开的大数据研究报告帮助我们处理这些问题。

2

第二章

妙笔生花——首饰设计的视觉表达

章节前导 Chapter preamble

课程重点：

1. 素材的搜集与视觉记录的方法。

2. 点、线、面与形式美法则在首饰设计上的应用。

3. 首饰概念图、标准图的画法及计算机辅助首饰设计。

课程难点：

1. 素材搜集的途径与记录方法。

2. 形式美法则的综合应用。

3. 标准图画法及绘制软件的使用。

课堂建议：

1. 课堂内与课堂外相结合、线上与线下相结合，引导学生通过自然、生活、书籍、网络等各种途径进行素材的搜集；重点进行线描画法训练，以线的形式记录搜集到的点滴素材及想法。

2. 回顾三大构成课程中形式美法则的内容，并以图文并茂以及实物展示的形式发起学生讨论，鼓励学生尝试分析形式美法则在首饰设计中的应用。

3. 从宝石画法开始到简单造型首饰，再到复杂镶嵌首饰，从简到繁、由易到难教授首饰标准图画法；回顾首饰设计与表现技法、计算机辅助首饰设计的课程内容，巩固首饰绘制软件的知识，使用3D喷蜡机绘首饰效果图的效果。

在前一章，我们学习了在既定主题下如何使用社会学的调查方法进行设计定位，利用思维导图形成全局性的主题设计思维，从而抓取情感触点找到设计点。灵感作为设计的源泉，对设计点的发散和具体化起着至关重要的作用。然而灵感具有突发性、偶然性、模糊性的特征，它稍纵即逝，如果不能及时抓住随机产生的灵感，它可能永不再来。因此在本章中我们将介绍如何通过素材搜集、视觉记录、剖析元素、思维延续、形态表述、方案绘制对灵感进行捕捉保存、挖掘提炼、开发转化、实现价值，最终形成主题设计方案。

第一节　素材搜集与视觉记录

灵感来源于生活，奥古斯特·罗丹说过，“生活中从不缺少美，而是缺少发现美的眼睛”。寻找灵感，我们需要发现美的眼睛，以及对细节的执着。

一、素材的分类

素材，指的是设计师从现实生活与虚拟网络中搜集到的、未经整理加工的、感性的、分散的原始材料。这些材料通常不能直接变成设计，但是，这种生活“素材”，经过设计师的集中、提炼、加工和改造，便成为主题设计作品的“题材”。我们借用文学写作的概念，从使用的角度来说，可以分为直接素材与间接素材。

（一）直接素材

直接素材引申到首饰设计上，即设计师在现实生活与虚拟网络中直接接触到的、与设计主题直接相关的各种各样自然界的生物、事件、环境等材料，符合设计情感触点的要求，反映了设计师对这一设计主题的理解与思考。

直接素材重在丰富。获取直接素材以横向为主，原则是根据上一章我们介绍的思维导图以关键词为中心向外扩散进行多层次、立体式、扩散性搜索，在这个过程中应注意多使用发散性思维，避免思维困在单一的套路中。例如：给定主题“森林”，那么在第一轮的搜索中可以直接以“森林”为关键词进行搜索。（如图2-1）在第二轮的搜索中我们可以扩大范围以“植物”“生机”“动物”等关键词进行搜索。在第三轮的搜索中继续扩大范围，以“绿光”“童话（森林）”“游戏（森林）”等关键词进行搜索。

（二）间接素材

间接素材引申到首饰设计上，即设计师在现实生活与虚拟网络中查找到的各类优秀设计作品和经典设计案例，这些作品可以是首饰设计，也可以是其他类型的艺术设计作品，其共同点在于已经对直接素材进行了提炼、加工和改造，形成了独特的设计语言。

图2-1　“森林”主题素材搜索

间接素材重在积累。获取间接素材以纵向为主，原则是建立资料库，持之以恒、坚持不懈地对各类优秀设计作品与经典设计案例进行搜集和分类保存。“每天爱你多一些”是间接素材搜集的关键。例如：梵克雅宝首饰产品图片资料库（如图2-2），我们可以以年份为分组依据，建立多个文件夹，将历年的产品收录进去，这不仅是一个合理的归纳整理方法，更便于清晰地看到品牌发展的脉络、产品风格的变化，以及未来的发展趋势。

图2-2　梵克雅宝首饰产品图片资料库

（三）直接素材与间接素材的主次之分

首饰设计的主题包罗万象、五花八门，各大赛事、各大品牌所设定的主题不一样，不同季节、不同年代流行的主题也不一样。而作为年轻的设计师，生活经历不多，很难对所有主题都有深刻的理解与体验，对许多接触较少的主题了解比较单一，要想创造出新颖的形态，并不容易，最简单的办法，莫过于“站在前人的肩膀上”，从前人的成果中去吸取精华，然后再去创造。虽然这种做法能够省时、省力地迅速获得较优质的素材资源，但是间接素材中的灵感始终是经过其他设计师“咀嚼”过的，带有十分浓厚的个人情感与见解，内容往往比较单一，拓展空间不大。而直接素材作为源于生活的灵感，事实上比间接素材更为重要。直接素材作为第一手资料不仅需要搜集，而且需要尽可能地去体验和观察，所以能够更直观地刺激设计师的情感，从而涌现出更丰富、更多样化的灵感与创意。

在首饰设计中直接素材与间接素材缺一不可，间接素材应当作为对直接素材搜集与体验的一种拓展和补充。间接素材虽然能扩大知识面、丰富积累，但把平时看到的、听到的、想到的、经历过的提炼出来才最具真实性，所以这两者一定要分清主次，来源于生活的直接素材才是设计的基础，切不可喧宾夺主。

二、素材搜集的途径

当今是信息爆炸的年代，信息量增长的速度远比人类理解的速度要快，并以海浪式从四面八方涌入人类的生活。人们的生活早已不再局限于通过“行万里路”等传统的手段获取知识与信息，年轻的设计师们更是熟悉各种新型的操作方法，熟练地切换于网络与现实之间。所以基于当代社会与年轻人的特点，我们摈弃传统的分类方式，将从线上、线下两个方面介绍素材搜集的途径。

（一）线上

网络的发展使得信息采集、传播的速度和规模达到空前的水平，实现了全球的信息共享与交互，它已经成为信息社会必不可少的基础设施。网络上各大设计素材网站、网络自媒体和APP（软件）是线上搜集素材的主要途径，无论是直接素材还是间接素材都有丰富的资源。

1. 设计素材网站

学习首饰设计除了必须掌握基础工艺，还应具备自己的设计思路，国外的许多设计更多的在于设计理念，以及设计理念背后设计的深度，以下我们介绍几个大家公认的国外知名设计素材网站。

（1）https://www.pinterest.co.uk（如图2-3）。

这是一个综合性的图片素材网站，采用的是瀑布流的形式展现图片内容，无须翻页，新的图片会自动加载在页面底端，可以不断地发现新的图片。很多热门的首饰作品，都可以在这个网站搜到，点

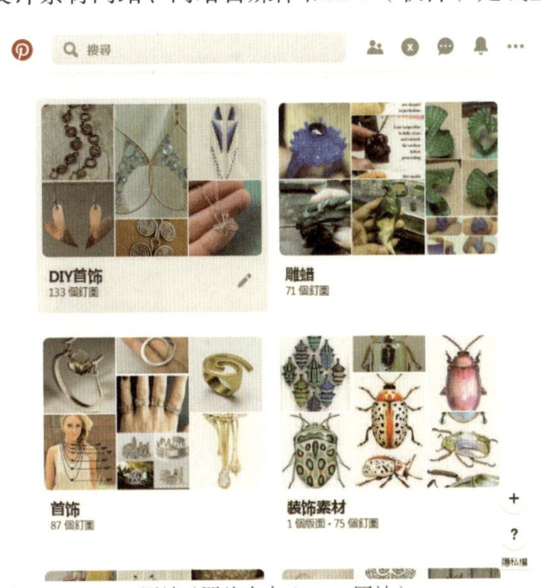

图2-3　pinterest网站（图片来自pinterest网站）

击其中一张图片就可以获得其源地址信息，这样就获得一个新的有首饰设计的网址。这很适合搜索相关的信息和资料。

（2）http://the carrotbox.com/blog/index.asp（如图2-4）。

此网站是按日发布的，每天都会更新一个新的首饰设计，设计较为偏当代与概念，使用的材料多种多样，包括玻璃、萤石、木材、玛瑙、塑料、树脂、丙烯酸、玉石等，鲜少涉及金属。而且有详细的首饰和作者介绍，可以通过链接进入设计师的主页。

（3）https://klimt02.net/jewellers（如图2-5）。

这是一家在当代珠宝领域工作的网络公司。该公司成立于2004年，目标是传达与沟通当代珠宝首饰的活动和洞悉遍及全球的当代珠宝，主要是发布珠宝首饰的相关信息，比如比较大的展会或者院校的毕业设计展览，还有一些大学的相关信息，包括一部分比较成熟的设计师作品。使用者进入klimt02网站，犹如打开艺术珠宝之门，可从中探索珠宝的世界并获得设计灵感。

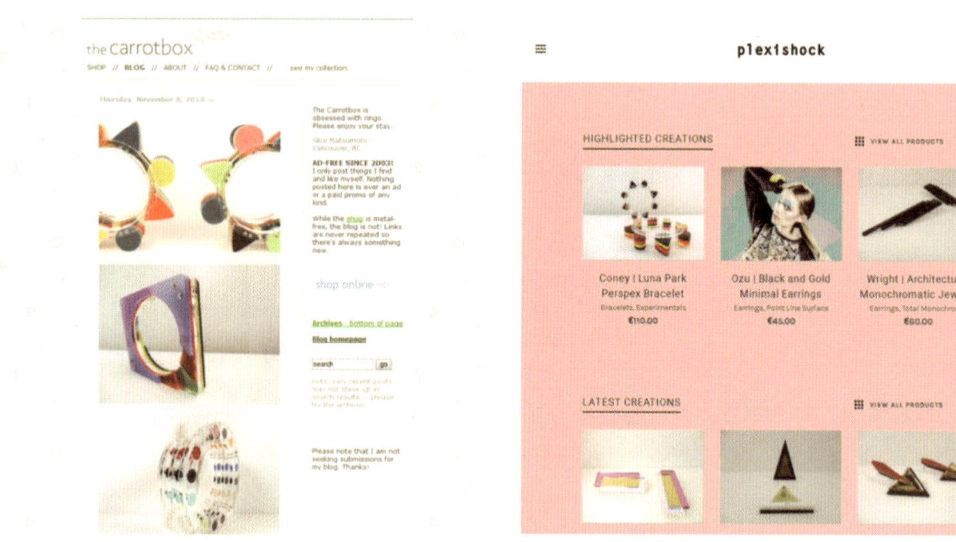

图2-4　the carrotbox 网站（图片来自the carrotbox网站）

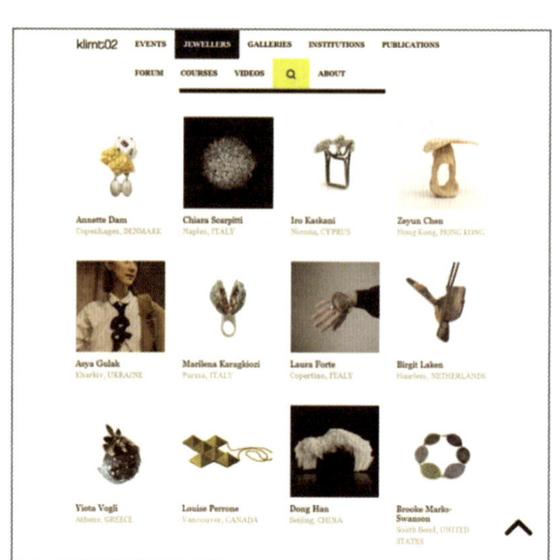

图2-5　klimt02网站（图片来自klimt02网站）

（4）http://www.current-obsession.com（如图2-6）。

这个网站是一个国际性的和跨学科的设计师、艺术家、品牌和机构的综合性平台。其试验方法和非传统风格广受赞赏。网站与杰出的珠宝设计师和艺术家合作，与知名品牌和文化机构合作开展策划项目和活动，还通过全新的视觉语言提供展示和体验珠宝的新方法。

图2-6　current网站（图片来自current网站）

（5）http://www.marzee.nl/galerie/start（如图2-7）。

欧洲最大的私人现代珠宝画廊美术馆，网站里提供它们最新的展览信息，还有与它们合作的各个艺术家的相关信息，使用者可以第一时间获取信息，并前往观看，收集大师们的作品灵感。

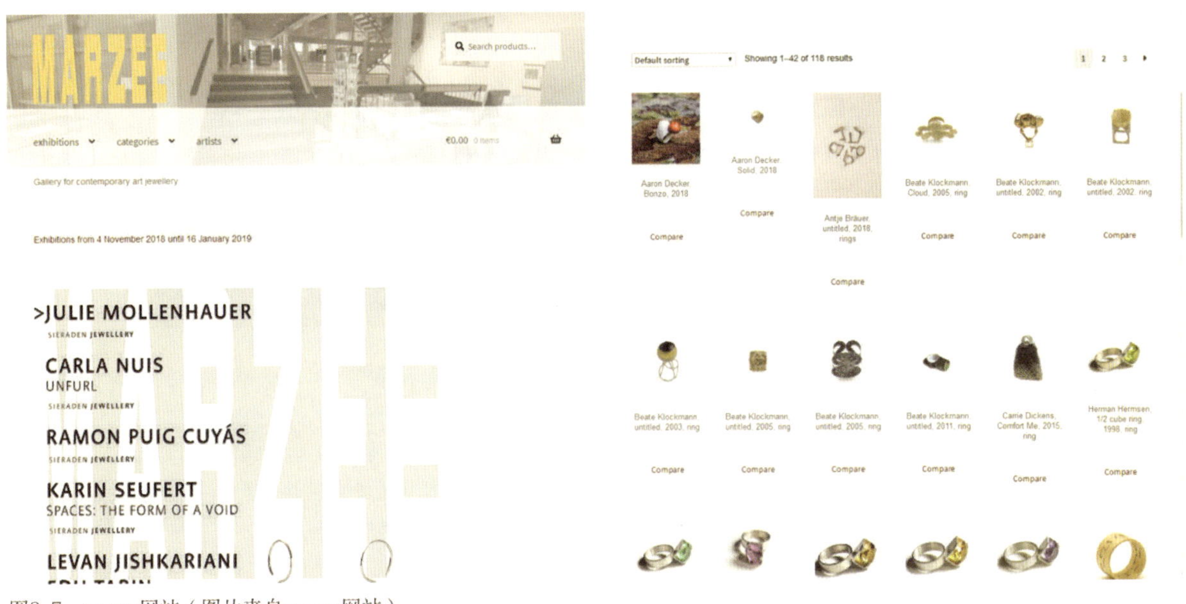

图2-7　marzee网站（图片来自marzee网站）

（6）http://artjewelryforum.org（如图2-8）。

艺术珠宝论坛（AJF）是一个非营利组织，成立于1997年，倡导国际领域的当代艺术首饰。AJF积极服务于当代国际珠宝首饰领域和天才艺术家们，发布来自该领域最吸引人的不断变化的原创内容，以此告知、教育和鼓励批判性思维和有益的讨论。目标是通过有组织的活动和在线杂志上的信息性文章、访谈及意见，来刺激市场和增加消费者、艺术家、策展人及画廊对艺术首饰的相关认识，为当代珠宝提供有影响力、有价值的平台。

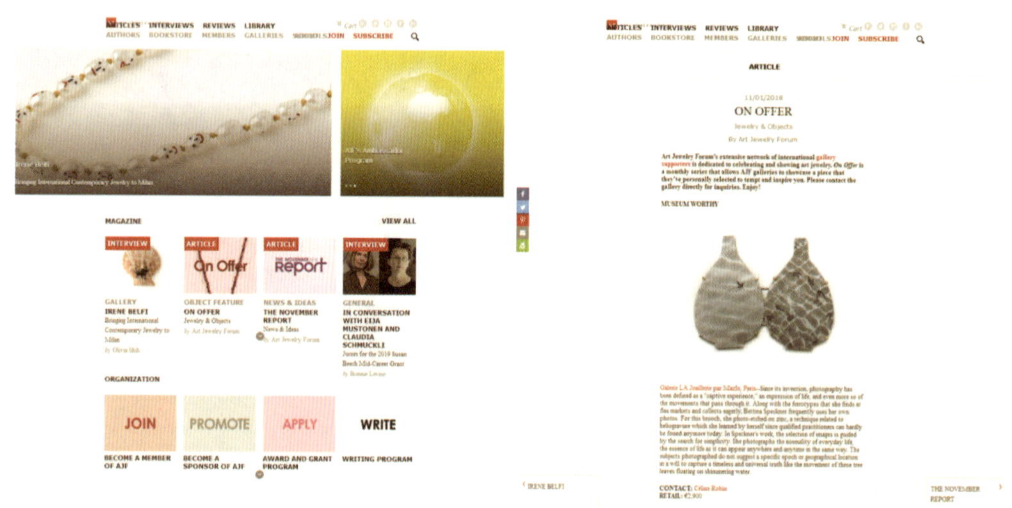

图2-8　artjewelryforum网站（图片来自artjewelryforum官网）

接下来，我们将介绍一些目前较为优质的国内首饰设计素材网站，相对于国外首饰设计素材网站，国内的多数为时尚类的综合性网站，更倾向于对各大设计品牌的推广，原创作品、优秀作品的欣赏，设计趋势的分析预测，时尚潮流风尚的介绍等。较少有关于首饰设计的批判性讨论以及相关展览活动讲座信息的集中传达。

（1）http://www.pop136.com（如图2-9）。

这是中国首家为时尚行业提供流行资讯及供应全套解决方案的信息技术公司，依托“国际视野、本土观念”的专业趋势研究团队，紧密关注着新的消费行为和消费态度，社会文化、经济、艺术、技术、

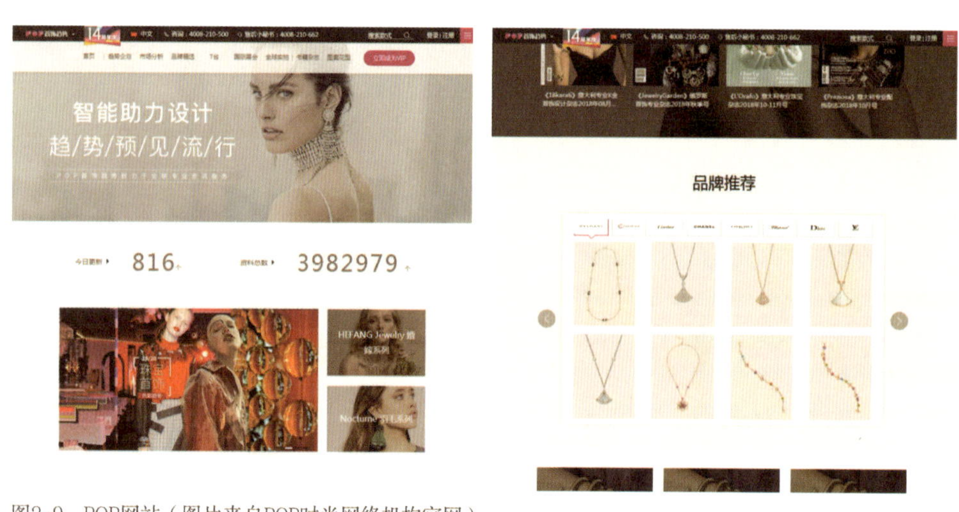

图2-9　POP网站（图片来自POP时尚网络机构官网）

美学等领域的潮流；研究生活方式和流行趋势；把握时尚商业、社交等领域的创新，通过平台每日上万图片的更新，用颜色智慧、图案趋势、工艺潮流、文化元素等最新时尚资讯激发服饰、首饰等设计人员的灵感，帮助专业工作人员提高工作效率。

（2）http://www.yoka.com/dna/299/378/index.html（如图2-10）。

YOKA网站注重分享时尚与优质生活的多元化资讯及多样化服务，网站包含珠宝设计专栏，对时下流行的时尚、品牌、设计师等有专访与介绍。

图2-10　YOKA网站（图片来自YOKA官网）

（3）http://www.vogue.com.cn（如图2-11）。

这是国内首屈一指的专注于高端时装的时尚生活方式网站，网站下设珠宝专栏，与被奉为世界Fashion Bible（时尚圣典）的国际性杂志*VOGUE*同出一脉，因为与Style.com关于秀场图片及视频的特别合作关系，所以拥有最快、最全的时装周秀场报道，并拥有行业领先的网络原创内容和多位国际顶级设计师、评论家及博主的独家专栏，以国际化视角诠释全球流行时尚，并提供全球性时尚资讯，发布权威时装趋势报告，指导和影响中国时髦有品位的穿搭与消费。

图2-11　VOGUE网站（图片来自VOGUE时尚网）

（4）http://www.ellechina.com/（如图2-12）。

网站是国际知名女性杂志*ELLE*的线上门户。杂志创刊于法国巴黎，是世界最大的时尚杂志品牌。全球发行44个版本，在全媒体平台影响着超过1600万名高端女性。ELLE网站下设珠宝专栏，致力于创造更有话题、引领潮流的内容，在多媒体平台上发出时尚界最强音。

图2-12　ELLE网站（图片来自ELLE网站）

2. 网络自媒体及APP（软件）

随着科技的发展，中国已经进入人人有手机的时代，人们的生活习惯、生活观念一点点地发生着变化，手机成为我们生活中不可或缺的随身物品，而网络自媒体随着手机的发展被越来越多的年轻人作为每日“打卡”的圣地，以下我们将介绍一些目前使用较为广泛的与首饰设计相关的网络自媒体。

（1）《每日珠宝杂志》APP（如图2-13）。

《每日珠宝杂志》是最具影响力的中文珠宝杂志，由专业珠宝编辑每日为观众呈现全球最美的珠宝作品、高级珠宝（High Jewelry）大片、宝石知识和珠宝历史，是每一位设计师不可错过的珠宝手册。

图2-13　《每日珠宝杂志》APP（图片来自《每日珠宝杂志》APP）

（2）“芭莎珠宝传媒”微信公众号（如图2-14）。

“芭莎珠宝传媒”是时尚传媒集团旗下珠宝时尚传媒品牌，是国内较为权威的专业珠宝典藏平台。

图2-14　“芭莎珠宝传媒”微信公众号（图片来自“芭莎珠宝传媒”微信公众号）

（3）“AIVA当代首饰”微信公众号（如图2-15）。

“AIVA当代首饰”是以欧洲最好的珠宝学院伯明翰珠宝学院为平台，早在2005年就建立了专业的首饰工作室，致力于当代首饰的教学、传播，定期提供首饰体验课程以及专业度较高的金工、手绘及软件课程。

图2-15　“AIVA当代首饰”微信公众号（图片来自“AIVA当代首饰”微信公众号）

（4）“尤目YVMIN”微信公众号（如图2-16）。

除此之外，还有“璀璨人生”“Uclc艺术首饰”“跨夫特艺廊”“上大美院金工首饰工作室”“维欧珠宝设计作品集”“IXISM易玺原创设计首饰家居”等较为优秀的微信公众号平台，值得设计师们“打卡”。

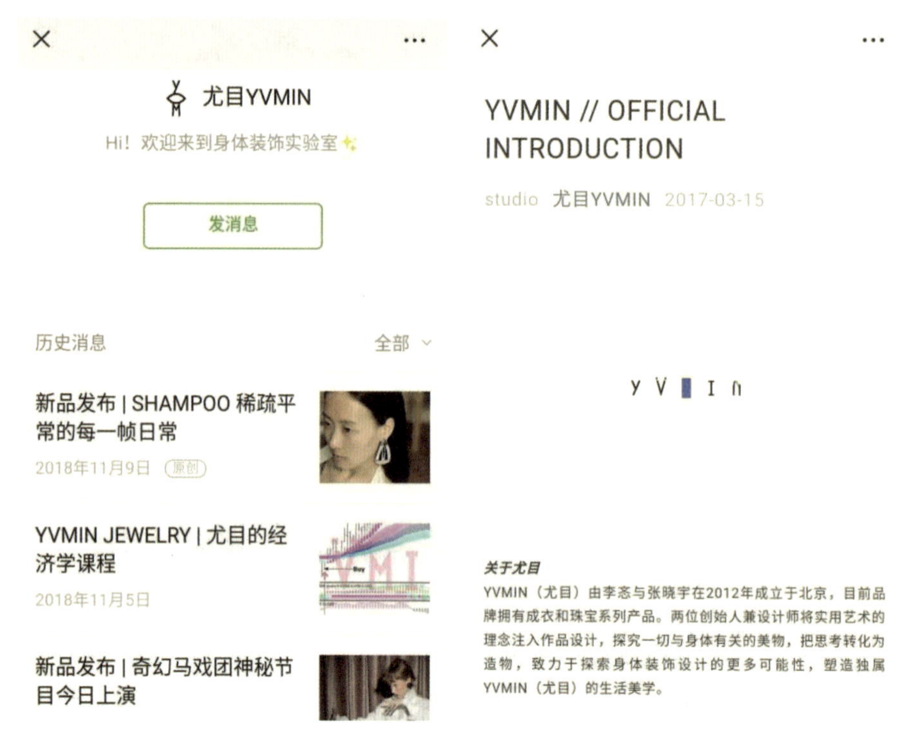

图2-16　“尤目YVMIN”微信公众号（图片来自“尤目YVMIN”微信公众号）

（二）线下

网络发达固然给设计师们带来了许多的便利，但思想的传递和展开需要建立在大量对现实生活的观察之上，平时对生活中各种事物的关注、观察、归纳和思考是成为一名设计师必须重视的问题。在现实生活当中，我们通常从以下几个方面获得素材和灵感。

1. 都市生活

都市生活，我们可以简单地理解为，在都市里人们的生活心态以及日常行为。都市代表先进的生产力、文化科技水平、生活方式，是一定的经济、政治及文化的中心。都市集中居住着不同文化水平、职业、身份的居民，人口密度高，生活方式多样化，时间观念强，生活节奏快。简而言之，现代都市是一个多功能的、综合性的有机体。

我们可以在都市生活当中获得许多与潮流时尚前沿相关的素材，例如都市的现代建筑、流行的时装服饰，就是众多珠宝首饰设计师重要的素材来源，尤其是时装服饰，通常走在时尚流行的前端，预测未来流行的款式，引领时尚的潮流。从建筑与时装获得灵感来源的经典珠宝首饰设计案例多不胜数，如图2-17。

2. 旅行采风

采风是指对民情风俗的采集，在现代艺术与设计创作中，采风是一种有目的的考察，心中有一个创作目标，需要到自然中感受，并全身心捕捉景物蕴含的风俗人情。采风过程中遇到的人和事都能引起我们的思考，悠闲舒缓的环境，又让我们的思考更加深邃，这正是采风的意义所在。

因此，我们可以在旅游采风中获取大量有关自然、民俗民风、传统文化的素材。例如：中国许多少数民族都青睐银饰，有属于自己的特色银饰文化，从价值上百万元的察哈尔蒙古王妃银镶珊瑚头饰套装到《甄嬛传》中极为常见的满族镶鎏金点翠头饰、耳饰，不仅满足了审美的需求，更是民族信仰的追求。传统手工艺在这个时代也引发了众多的时尚思考，2008年麦昆在Alexander Wang时装展上使用了苗族银头饰，这就是银饰传统手工艺的魅力，每一件作品背后都有一张真实的面孔，每一件银饰背后都有一份爱的温暖。（如图2-18）

图2-17　通过建筑与时装获得灵感来源的经典珠宝首饰设计（图片来自Pinterest网站）

图2-18　苗族银头饰

3. 交流讲座

由于学科的专业性，相对于整个人类的知识体系来说，我们往往是在某一个狭小的领域去探索不为人知的真相。这就是我们要听讲座的一个非常重要的原因，世界那么大，我们都得去看看，这是一个很重要的心态。虽然不同的学科专业范畴不一样，但科学的研究方法是相同的，我们都能够在不同的领域中寻找到类似的方法，甚至在学科之间的碰撞中产生灵感。

因此，我们在交流讲座中可以收获很多超出日常认知范围的素材，甚至是打开一扇通往新世界的大门，学科交叉往往是创新的基石。例如美国珠宝品牌Flowen2017年推出的几款珠宝设计（如图2-19），以构成生命体的最小单位——细胞为灵感，创造出一组充满艺术感的银饰作品，通过立体的纯银架构塑造出细胞外壁，镂空繁复的结构具有出色的视觉张力，设计师采用了3D打印技术制作复杂的作品造型，每一个细胞的参数都经过微调，呈现出微妙的形态差异。

4. 设计展览

艺术设计展览往往提供的是最前卫的艺术设计资讯，作为传播和接受艺术设计作品的重要手段，它既是设计走向社会的关键，也真实地记录设计发展的时代历程。专业性的展览是呼吸艺术新鲜空气、拓展艺术视野、增长艺术见识、提升专业

图2-19　Flowen《细胞》系列首饰

素养不可或缺的。设计来源于生活，服务于生活，展览上的交流与沟通催化和刺激着设计师们的创作活力和激情、现代思想和开放意识。参观展览是设计师们进行艺术分享、观点碰撞、经验传递的最直接或最直观的行动研究。

因此，我们可以在参观各类设计展览的时候获取一些由于思想碰撞而产生的难能可贵的素材。如图2-20为2017年北京国际首饰艺术展，主题为“并·行”，体现了中国放眼全球、“一带一路”、合作共赢的政策方针，意在交流整合东西方多元化环境下的艺术创作理念、首饰设计教育、首饰设计产业与国际化发展趋势；定位于世界首饰设计前沿理论和产业发展趋势，展览和峰会汇聚了全球最具影响力的专家学者、产业精英和企业家，是在中国境内举办的国际较高水平首饰艺术与设计的学术活动。

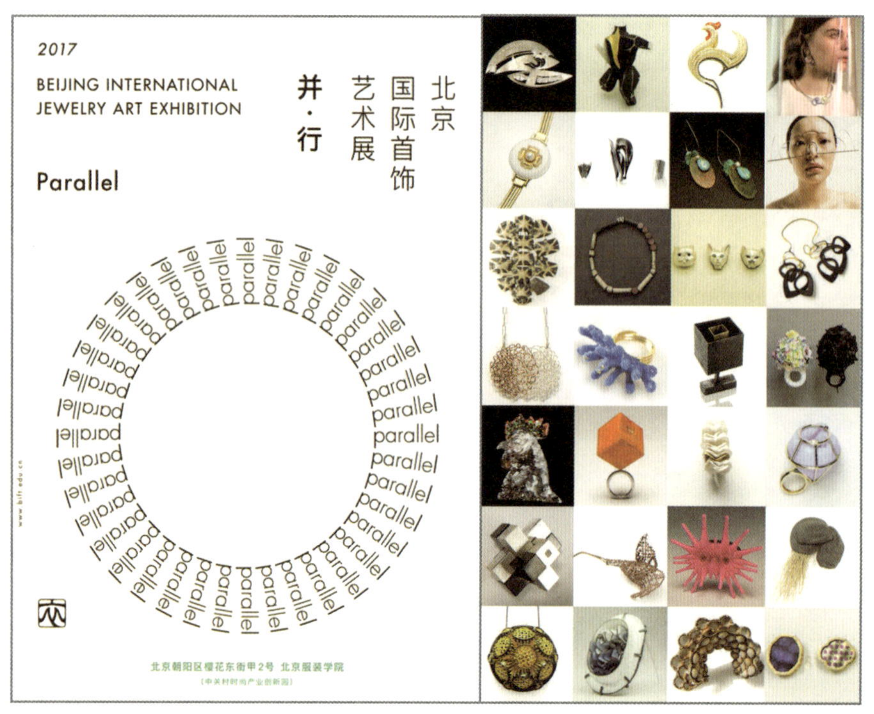

图2-20　2017年北京国际首饰艺术展

5. 纸质媒介

著名的翻译家杨绛先生曾这样回复她的一位读者：“你的问题主要在于读书不多而想得太多。”阅读是最为有效的自我提升的手段，你可以从书籍中提取数倍于其他传播媒介所能展现的信息，如果设计师不认为“阅读”是有效的获取知识的渠道，不再信任书籍，就不会知道文字所能呈现的信息数量与质量是其他任何传播媒介都无法企及的。

因此，书籍是我们积累间接素材最有效、最扎实的方式，它往往已经将我们需要的素材做好了分类，使素材搜集工作更有系统性和逻辑性。在此推荐数本珠宝首饰设计师必读的书：《设计中的设计》（原研哉）、《设计心理学》（唐纳德·A.诺曼）、《顶级珠宝设计》（阿纳斯塔西娅·杨）。在此附读书清单，仅供参考：

（1）［美］盖尔·格瑞特·汉娜：《设计元素》。

（2）［美］Lark Books：500*Pendants&lockets*。

（3）［德］Harald Fischer：*Jewellery Drawing*。

（4）徐累：《珠宝情缘》。

（5）田翊：《博物馆里的传世珠宝》。

（6）赵丹绮、王意婷：《玩·金·术》。

（7）［英］约翰·本杰明：《欧洲古董首饰收藏》。

（8）扬之水：《中国古代金银首饰》。

（9）唐绪祥：《锻铜与银饰工艺》。

（10）［英］安娜斯塔尼亚·杨：《首饰材料应用宝典》。

（11）杂志类：*Fashion Gems*、*I'Orafo*、*18karati*、*Indesign*、*The Crafts Report*、*Gold News*、*Classy*、*BRAND*、シルバーアクセ、*Jeweller*、*HK Products*、*Bead & Button*、*Beadwork* 等。

三、素材搜集的方法

凡事都要遵循规律，讲究方式方法。方法对事半功倍，方法不对空费人力财力。从宏观上来说，设计素材的搜集方法无非多看、多想、多做、多问；从具体的方法来说，我们可以从抽象素材搜集的方法和具象素材搜集的方法两个方面进行分析。

（一）抽象素材搜集的方法

我们在日常的设计中通常将不能被人们的感官所直接把握的东西，也就是通常所说的“看不见、摸不着”的东西，定义为“抽象”，抽象的素材较具象素材来说更具有生动性、整体性，创造性和想象的空间更大。要理解抽象的东西，就必须从内心感受它们，音乐、冥想、阅读是设计师们常用的方法。

1. 音乐

音乐是在时间过程中显示的诉诸听觉的一门艺术，基本手段是运用有组织的乐音构成有特定精神内涵的音响结构形式。它很难对客观现实进行再现和描述，但是却极善于抒发感情和情绪，而艺术设计是采用造型手段塑造视觉形象的，具有造型性与静止性。表面看来，两者好像并无多大关系，而实际上，艺术设计恰好充当了音乐从单纯的音响到情感抒发这一飞跃的纽带和桥梁。我们通过对音乐、音响的声音和想象而获得各种视觉形象及画面，进而引发出相应的情感与情绪，这是源于通感的心理学原理。例如，我们聆听拉威尔《达夫尼与克罗埃》第二组曲，脑海中会自然浮现发生在一片果树林里的场景：清晨，天刚蒙蒙亮，达芙妮从熟睡中醒来，周围是一片日出的景象，小溪流水淙淙，牧羊人吹着牧笛从远处走来，鸟儿在天空中叽叽喳喳地叫。（如图2-21）

图2-21　拉威尔《达夫尼与克罗埃》第二组曲构想画面

当然，这一原理同样也适用于首饰设计，尤其是给定主题的专题设计，我们可以通过聆听与主题相关的音乐作品，从中获取灵感，得到设计的直接素材。

2. 冥想

冥想是一个来源于佛教的概念，指在安静及静寂的环境中，闭眼通过思维引导感官的思考及思维散发。常规的冥想练习也能让设计师们受益，不仅对整体情绪，还对工作产生影响。屡试不爽的效果就是冥想有益于提高创造力。事实上，研究表明，冥想减少了认知的僵化，并且“倾向于忽略由于过去的经验而产生的新颖和适应性的反应方式”。在实际的应用中，冥想改善了创造性问题的解决方法，并且允许我们在思考的时候跳脱出“框”。当然，设计冥想并不是天马行空或胡思乱想，在冥想之前必须有大量的相关信息储备，然后每周至少有一天可以集中精力，在一个安静的空间，同时也应该是一个精神上的静域，从沉思中获得“暂停”帮助我们反思，这样可以让灵感流动起来。

通过冥想获取的素材，我们可以从难题中抽离出来，放空自己，大脑自然切换到发散思维模式，同时容易进入专注模式，对之前接触的大量信息进行梳理和归纳，提炼出我们需要的、有价值的素材。（如图2-22、图2-23）

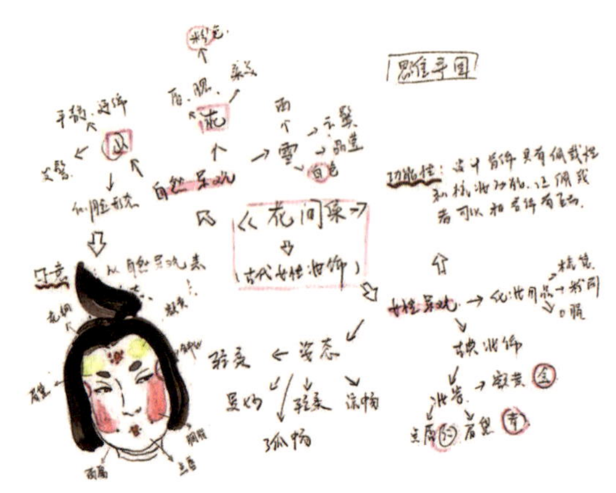

图2-22　以《花间集》为主题的思维导图（任俊颖）

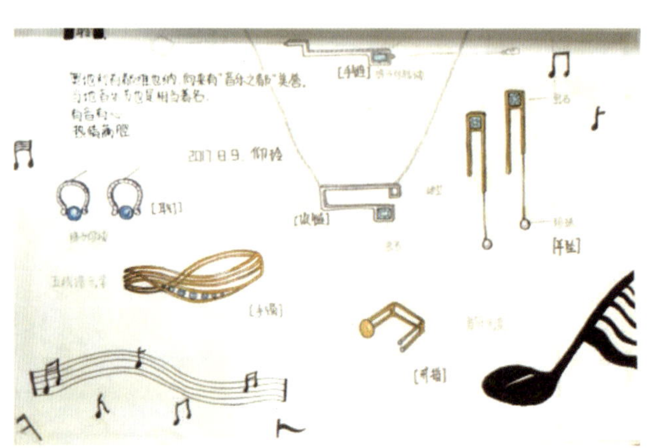

图2-23　首饰设计方案（吴仰玲）

3. 阅读

如果说旅行采风需要足够的时间与金钱，那么对于年轻的设计师来说阅读就是另一种最好的旅行形式，带着前辈们、大师们的生活积累和体验来填补自己某方面的空缺，激发我们对某个领域创作的灵感。要让自己在年轻的时候积累更多的“内功”，除了生活体验和实践，就是阅读和书写的沉淀，这是一个循序渐进的过程，只有达到一定的量变，才会在设计的思考上有创意质变的突破。

通过阅读获取素材，一开始最重要的是习惯的培养，看一些自己感兴趣的书籍，当习惯养成后再去看一些对自己有帮助的方法论和专业书，这样更容易让自己坚持下去。过了这个阶段后，可以给自己列一个书籍清单，看看自己有哪方面的知识欠缺，然后有选择地去看这类你认为对自己有帮助的书籍。不推荐搞笑段子和网络小说，没有营养和沉淀的文字，这样只会浪费时间并不会让你积累知识。无论是哪种类型的阅读，设计师读书有一个很有趣的现象，就是你学到的东西永远不知道什么时候可以用上，但一旦有了适合的主题，用上了就绝对有格调。（如图2-24）

（二）具象素材搜集的方法

具象是具体的、非抽象的，具象的素材是设计师在生活中多次接触、多次感受、多次为之激动的丰

图2-24　梵克雅宝针对格林童话《三片羽毛》的首饰设计（图片来自梵克雅宝官网）

富多彩的形象，它不仅仅是感知、记忆的结果，而且打上设计师的情感烙印，是综合了生活中无数单一表象以后，又经过抉择取舍而决定的。具象素材较抽象素材来说，更加直观、易处理，从电影、自然、日常中获取具象素材是设计师们常用的方法。

1. 电影

电影，是由活动照相术和幻灯放映术结合发展起来的一种连续的影像画面，是一门视觉和听觉的现代艺术，也是一门可以容纳多种艺术的现代科技与艺术的综合体。电影深入人类社会生活的方方面面，是人们日常生活中不可或缺的一部分，它能准确地“还原”现实世界，“展现”虚拟世界。设计师通过电影艺术搜集直接、间接的素材，这种做法屡见不鲜。

最常见的是搜集电影中出现的珠宝首饰素材，主角们的故事赋予了这些珠宝寓意，又或者是珠宝推动了人物关系的进展，总而言之，流转的目光和珠宝闪烁的璀璨光芒相辅相成。例如：经典的爱情片《泰坦尼克号》中，女主角佩戴的蓝宝石项链叫“海洋之星”（如图2-25）。这颗重达4552克拉的“海洋之星”是复刻世界上现存最大的一颗蓝色钻石——“希望之星”，是英国皇室珠宝品牌 Asprey& Garrard为电影量身打造的。

2. 自然

大自然是最出色的设计师，它造化了世间万物。大自然的某一个地方触动到你，一朵花、一棵树、一片大海、大海里的生物等，都能成为灵感来源。从大自然出发，比较多的是从视觉上入手，从造型、肌理、色彩等方面提取灵感，再到对这个自然现象的感悟。

自然主题的设计是各大珠宝首饰品牌设计师追逐的话题，也是珠宝首饰市场上长盛不衰的元素，2015年Tiffany（蒂芙尼）公司珠宝就以充满无限灵感的“自然”为主题，举行了“自然颂”风格盛典，以源自蒂芙尼古董珍藏库的十余件作品向自然世界致敬，包括蒂芙尼经典的钻石蜻蜓胸针（如图2-26）、钻石蝴蝶胸针（如图2-27），蒂芙尼受让·史隆伯杰对大海的热爱启发而诞生的双鱼胸针（如图2-28），以及蒂芙尼2015Blue Book高级珠宝系列，将大自然独树一帜的奇思妙想转化为现实，呈现了自然动植物天然的美态。

图2-25　海洋之心

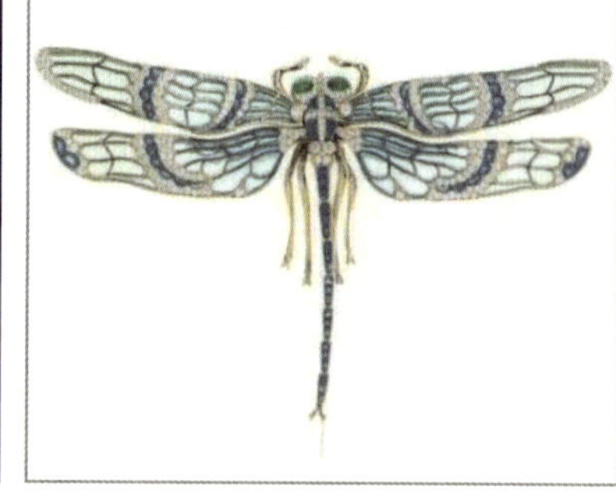
图2-26　钻石蜻蜓胸针

图2-27　钻石蝴蝶胸针

图2-28　双鱼胸针

3. 日常

日常生活中总有一瞬间，会让你感觉灵感迸发，或许是一个被咬了一口的苹果造型正好符合黄金比例，也有可能正好状态在最美的时候被你看到，或者是两个事物搭配到一起组成了很好看的场景，发现生活中的美需要对细节的执着，点点滴滴都可以构成设计师的设计灵感。

奢侈品牌珠宝首饰也有天真烂漫、童心未泯的一面，糖果不是宝格丽第一次用于创作的灵感主题了，2016年宝格丽标志性系列 BVLGI-BVLGARI 推出新款 BVLGARI-GELATI（冰激凌）系列，它以珍珠母贝、孔雀石、缟玛瑙来塑造逼真的雪糕造型，边缘点缀小颗圆钻，代表新鲜水果制作的果泥，冰棒则由玫瑰金打造，表面镌刻有标志性的“BVLGARI”字样。（如图2-29）

图2-29　BVLGARI-GELATI（冰激凌）系列

四、视觉记录的手段

从事创意性工作的设计师们，头脑中每时每刻都在运转，随时随地都有可能突然迸发出灵感，这样的时刻必须马上抓住并记录下来。视觉记录基于我们前期对素材的搜集，它在整个设计当中十分重要，我们可以用图片资料、速写本、数码相机等记录下日常生活中所见的和设计主题有关的视觉形象，也许是一只笨拙呆萌的企鹅，或是一只体态轻盈的蝴蝶，可以是任何一个与主题有关的事物。

（一）图片采集

前面我们说到通过网络以及一些新媒体平台，例如pinterest、花瓣等对素材进行搜集，通过类似这种途径搜集图片，通常就是做图片的采集。前面我们说到素材需要通过几个层次发散性地进行采集，这些素材虽然丰富，但是繁多且杂乱。所以采集来的图片，必须先做好归纳工作。

下面我们介绍两种归纳方法：第一种方法，可以充分利用图片采集工具自带的分类功能，例如花瓣画板（如图2-30）、pinterest图版（如图2-31），在采集一开始就建立各种主题的图版（画板），每浏览一张与主题相关的或适合的图片就可以直接存储到相对应的图版（画板）中。此采集方法方便快捷，且能通过其线索的功能，找到更多相关主题的图片，但此方法需要网络，在脱机的情况下无法使用，且限于采集工具内部使用。第二种方法，可以通过“另存为”将所需要的素材图片保存下来，按“最相关”“相关”“一般相关”或“最重要”“重要”“一般重要”的层次顺序将图片分门别类地归纳进去，在后期素材的使用中将更方便快捷，能迅速找到关注点。当然此方法并不是固化的，每位设计师都有自己习惯使用的采集工具，会在设计生涯中形成具有个人特色的采集归纳方式，只要把握好清晰、有序、方便使用的原则，就是有效的方法。

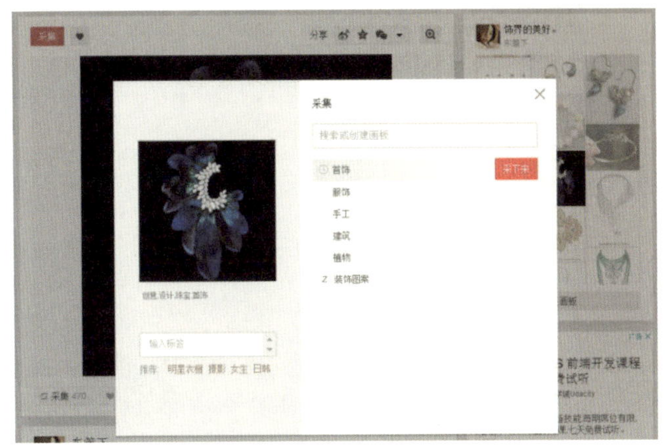

图2-30　花瓣画板（图片来自花瓣网）

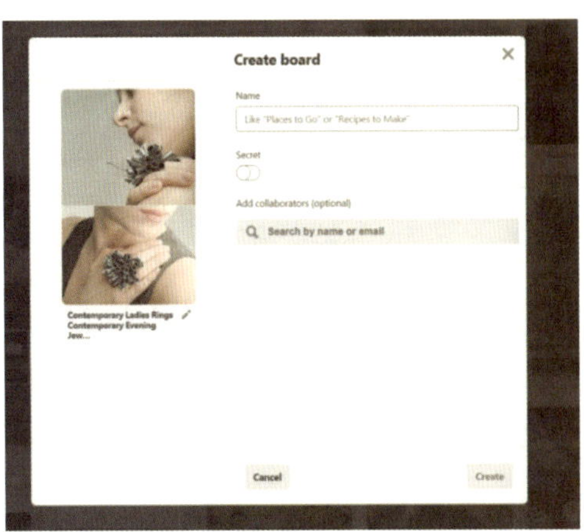

图2-31　pinterest图版（图片来自pinterest网站）

（二）写生

前面我们说的从大自然中取景、物、元素，直接以实物或风景为对象进行描绘的方式就是写生。在未有网络与摄影等科技之前，艺术家们主要通过写生来搜集素材，在现代艺术设计中，写生依然是一项不可取代的基本功，因为写生是对描画事物的瞬间捕捉，其价值在于快速与即时性，主要锻炼设计师对事物的观察力、理解力以及处理分析能力。要将观察到的事物体现在纸面上必然通过设计师的主观处理，这是有别于摄影的一种简单快速的记录和表现方式。写生重在写意，而不是追求完全逼真的写实，设计师可以根据设计目的的不同在写生时体现对对象的理解和情感，其鲜活、激情和高度概括的画面效果是摄影无法比拟和替代的。写生的素材较摄影来说，对设计师更有价值。

设计的写生包含提炼与概括的本质意义，关键在于掌握正确的方法，包括对工具的使用、对方法的研究，在写生的过程中，最便利的方法是先从用线开始，以线条为主要造型手段，逐步达到能熟练运用线条的目的以后，再尝试其他形式，接下来我们将详细介绍线描的写生方式。

（三）摄影

虽然写生素材对设计师更有价值，但我们不能否定照相机给我们带来的诸多便利。摄影是指使用某种专门设备进行影像记录的过程，一般我们使用最多的是手机或照相机，它们最大的优势在于能将日常生活中稍纵即逝的平凡事物转化为不朽的视觉图像，针对一些突发性、随机性、易逝性的事物或者场景，用手机或照相机随手就能拍，随手就能记录下来。

记录设计素材的摄影在类别上应属于纪实性摄影，它以记录生活现实为主要诉求，素材来源于生活，如实反映我们所看到的。以摄影的方式记录素材首先要注重素材的真实性，应当用不带任何美化效果的照相机或手机软件进行拍摄，切忌改变事物真实的色彩或造型。其次要注重保证素材的完整性，记录素材的摄影目的在于全面地记录，我们可以通过从各个角度对事物的各个方面进行拍摄以保证素材的完整性，不应追求画面的美观而舍弃了素材的完整，这对后期的设计十分重要。（如图2-32）最后，需要的时候要进行特写，如有特色的地方、局部的细节等。（如图2-33）

图2-32　花卉

图2-33　建筑局部（图片来自pinterest网站）

五、视觉记录的整理

搜集素材的方法千篇一律，整理素材的方法万里挑一。整理得当的素材能够最大限度地发挥它的价值，对后期设计带来极大的方便。

（一）线描

对于首饰设计专业的同学，线描相较于速写来说，更适合作为素材整理的手段，速写讲究快、狠、稳，快速表达自己眼中看到的东西，并不是用很完整的思路将那个东西全部表现出来，速写的特点就是点到为止；而线描这一概念源自中国画，指运用线的轻重、浓淡、粗细、虚实、长短等笔法表现物象的体积、形态、质感、量感、运动感的一种方法，只突出主体，不渲染背景，集中精力描绘对象的特征，力求表现其结构穿插，注重细节的完整性，务求朴实简练。

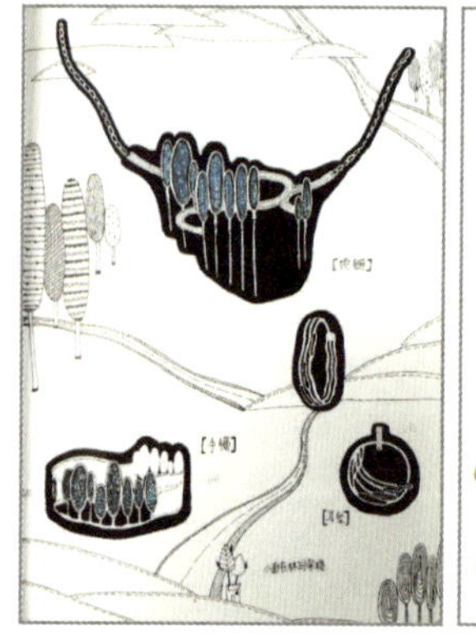

图2-34　线描手绘首饰方案（吴仰玲）

所以，以线描的手法对获取的素材进行整理，更有利于接下来的元素提取工作。线描的线条不是物体自身固有的，而是设计师对物象进行分析研究之后提炼出来的，这种手法的技巧体现在对线条的粗细、长短、曲直、疏密、穿插等不同运用上。在首饰设计中，线描作为整理素材的视觉记录可以更加自由与开放，不必拘泥于传统线描的端庄与意境。（如图2-34）

（二）涂鸦

“涂鸦”从字面上解释：涂，指随意地涂涂抹抹；鸦，泛指颜色。“涂”和“鸦”结合在一起就成了随意地涂抹色彩之意；也指艺术上的各种颜色交融，以抽象的感觉描绘出一种色彩的特殊风格。涂鸦的手段比较适用于前面我们提及的通过音乐、冥想、阅读等方法搜集抽象素材的方法。

在进行涂鸦式素材视觉记录整理的时候，首先不应该定下太多的“规则”，在刚开始的时候，可以任由自己跟随心情随意地画。画到一定程度之后，再根据主题的需要加以选择、思考和建构，注意保留想象过程中珍贵的一闪而逝的灵感。经常这样磨炼，自然可以培养出很好的想象能力和对造型色彩的把控能力。涂鸦的方式也最能体现设计师内心世界的流露，设计师会将自我意识反映在画面上，通过涂鸦的过程来表达对主题对象的理解和看法。（如图2-35）

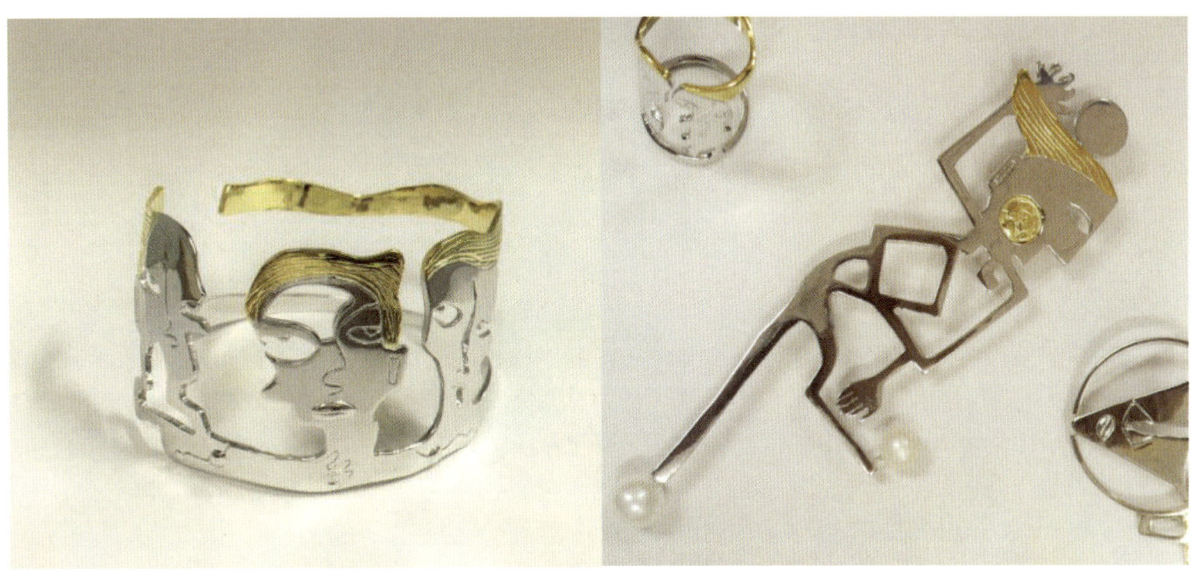

图2-35　《毕加索》系列首饰设计（蔡丽萍）

（三）软件

以往，我们只能通过纸和笔来绘画，而在数字化的时代，早已打破了纸质的限制，我们可以通过手机、ipad（平板电脑）等电子设备的绘图软件方便快捷地记录我们所捕获的灵光一现的东西，并可以直接在电子设备上进行素材的整理。（如图2-36）这一选择更加适合现在的年轻设计师，不同的软件和电子产品，它们特点不一样，优势也不同，可以根据自身的记录习惯选择不一样的产品。例如，设计师们最常用的一款对视觉记录进行整理的电子设备，是Wacom的Bamboo Spark，它的核心内容就是一个垫板、一个纸质笔记本和一支1024压感级别的电磁笔，绘图的过程在纸面完成，画完可以通过蓝牙与其他电子设备连接，将纸面上的内容传输到其他电子设备上。如需对记录下来的素材进行整理和修改，例如添加色彩、修改造型等，可以使用与此对应的Bamboo Paper软件。

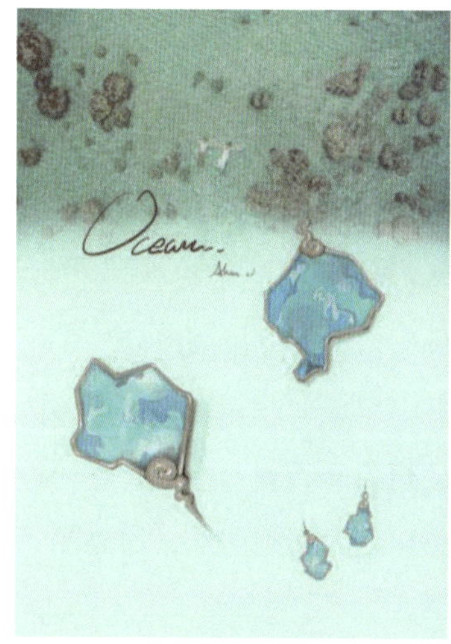

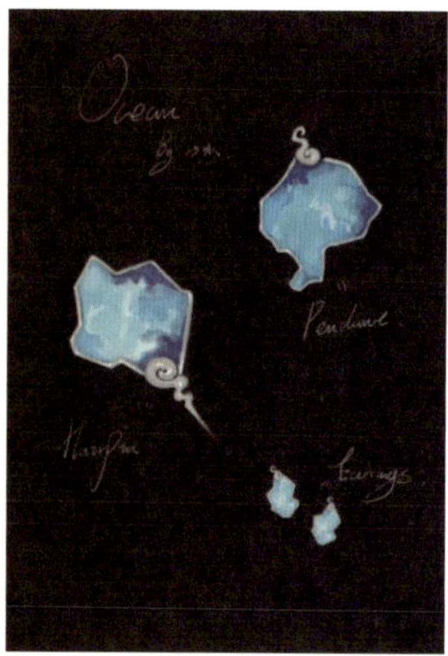

图2-36 《海洋》系列首饰设计（张朝杰）

第二节 剖析元素与思维延续

一、元素的剖析与提取

对灵感的挖掘来源于内心的表现力。灵感除了需要在日常生活中不断捕捉与保存，还需要对已有端倪的灵感进行深挖，抽丝剥茧地将与主题有关系的素材变成设计元素。设计元素相当于设计中的基础符号，是为设计手段准备的基本单位。与平面设计一样，在珠宝首饰设计中设计元素大致也可分为概念元素、视觉元素、关系元素和实用元素四类。

（一）概念元素的剖析与提取

概念元素是人们意识的体现，通常指那些实际中不存在、不可见的，但在头脑里又能感觉到的东西，概念元素只存在于人的头脑里，如果不在实际的设计中加以体现，它将是没有意义的。当然，概念元素需要形成多种多样的视觉感受和意义，也只有通过视觉元素才能体现在设计中。

许多首饰设计中的概念元素往往以点、线、面的形式表现出来。最经典的是20世纪30年代和40年代，在美国的艺术首饰领域发生了重要的变革，并逐渐演变成一种真正的艺术形式，这就是著名的美国“可佩戴雕塑运动”。在这一时期，形成了大量的源于概念元素的概念性、艺术性珠宝首饰作品，这是一个非常特殊的领域，既不属于高级珠宝，亦不属于时装珠宝。这些作品往往委托金匠制作，运用金、银、铜等金属材质，搭配漆绘和珐琅工艺，颇具概念性，代表艺术家个人的风格审美与一些特别的见解。这一时期著名的艺术家包括亨利·贝托亚、亚历山大·考尔德（如图2-37）等。

概念元素没有实质的形态，可以通过各种形式进行提取，不局限于点、线、面等常规的形式，甚至是一个相关的材料、性质都可以成为概念元素提取的形式。在当代，由于技术与艺术的新发展，概念元素的提取与运用有了新的面貌。例如，卡莎度（CASATO）品牌的这款设计（如图2-38），它的设计宗旨是不断追求优雅和女性气质的完美结合，赞美每一个女人的美丽。在这一主题下，每一款首饰的色

图2-37　亚历山大·考尔德的首饰设计作品

图2-38　CASATO品牌首饰产品（图片来源于*INDESIGN*杂志）

彩、造型都尤为注重表现女性的柔美与气质。设计取玫瑰之意，在古希腊神话中，玫瑰集爱与美于一身，既是美神的化身，又融入了爱神的血液，以此寓意女性再完美不过。以碎钻点缀于玫瑰色的蓝宝石之间，组成看似随意无规律，实则经过合理的疏密搭配、大小对比设计处理的图案，是这款首饰的主要特征。主石的形状使用了一个奇特的玫瑰形切割，与粉红色的玫瑰金戒臂交相呼应，是整个设计的特色所在。戒臂双环的设计以及玫瑰色的蓝宝石更能唤起东方女性的气质。玫瑰金、宝石的玫瑰形切割、双环这些设计元素都紧扣女性主题，表达女性如玫瑰的概念。色彩、造型和创新技术成就了这一款首饰技术与设计的完美结合。

（二）视觉元素的剖析与提取

视觉元素是珠宝首饰设计中最常用的元素，其往往是实在的、可见的，包括事物的大小、形状、色彩、肌理等。

对于主题性珠宝首饰设计来说，常常需要以系列性产品从各个方面、各个层次诠释主题，系列产品要求设计元素更有连续性和系列感，在这方面视觉元素较有优势。通过对来源于实在的、可见的美好事物的灵感进行深入挖掘，我们可以获得一系列的视觉元素。例如，俄罗斯设计师 Ilgiz Fazulzyanov（伊尔吉兹·法祖尔日亚诺夫）刚刚推出了新一季高级珠宝系列——Samarkand（撒马尔罕）①，灵感源自中亚古城“撒马尔罕”。设计师以彩色宝石搭配珐琅工艺，重新诠释撒马尔罕古建筑、彩色琉璃瓦、Suzanne（苏扎尼刺绣，又译金丝针绣）面料、波斯诗人 Omar Khayyam（莪默·伽亚谟）、香料、干果等具有代表性的元素和主题。

新系列的大部分作品以建筑为灵感，生动再现了拉吉斯坦广场的三座经学院，其中一枚戒指呈现的是Ulugbek经学院（乌卢格别克经学院），戒面中央镶嵌一颗绿松石圆珠代表蓝色穹顶，周围镶嵌钻石，绘有彩色珐琅；另一枚海蓝宝石戒指以蓝色珐琅绘制出彩色琉璃瓦，戒面边缘的钻石水滴让人联想到经学院屋檐滴落的雨滴，流露出独特的诗意。（如图2-39）

结构最复杂的是一枚以Sher-Dor 经学院（希尔·多尔经学院）为背景的胸针——尖拱门和穹顶由圆钻铺陈，作为整枚胸针的衬底；上方可以看到连排的树木，以金质网格打造出立体的树冠轮廓，树叶则由绿色珐琅烧制而成，拥有通透的质感；下方是黄色和蓝色珐琅绘制的几何图案，再现经学院的装饰花纹。（如图2-40）

图2-39 Samarkand（撒马尔罕）系列高级珠宝首饰作品《Ulugbek经学院》

图2-40 Samarkand（撒马尔罕）系列高级珠宝首饰作品《Sher-Dor经学院》

（三）关系元素的剖析与提取

关系元素往往基于视觉元素，指的是在画面上进行组织、排列，是形成一个画面的依据、完成视觉传达的目的，包括方向、位置、空间、重心、骨骼等。关系元素又分为可视的和非可视的。可视的关系元素如方向和位置，通过人眼的视觉功能可以直接感知；非可视的关系元素如空间和重心，必须依赖感觉去体验。

① 本系列首饰作品图文来源于《每日珠宝杂志》，撰稿：X Fiji，编辑：X 兰斯洛特，2018年11月8日。

首饰设计中各个部件组织、造型元素之间的排列、结构的穿插、层次的分布，一方面体现了对高超工艺的追求，另一方面也体现了对关系元素的重视。关系元素的提取和使用，珠宝首饰设计作品更有细节，更精致，更耐人寻味。例如，Boucheron（宝诗龙）2014年发布的Quatre Radiant Edition系列珠宝的这枚手镯[①]（如图2-41），灵感源自巴黎的建筑细节，为庆祝该系列诞生10周年特别推出。整件作品共由4层镂空的几何图案组成，营造出丰富的视觉层次，系列名称“Quatre”在法语中正是“4”的意思。镯壁上最醒目的无疑是方格轮廓的“巴黎钉纹”（Clou de Paris），原形来自巴黎“旺多姆广场”上铺砌的石砖，巧妙利用视错觉形成微微凸起的立体效果；“巴黎钉纹”两侧镶嵌两组不同尺寸的圆钻，火彩明亮而闪烁；手镯边缘为“罗缎刻纹”（Grosgrain），以竖直铺排的钻石来展现罗缎上的棱纹，镯壁边缘呈圆润的弧面，让人联想到织物的柔软质感。这件作品最特别之处是轻盈的镂空结构，纤细的白金框架共镶嵌1282颗钻石，让人联想起建筑般的立体结构，让“Quatre”的几何美感与现代风格更为突出。

图2-41　Quatre Radiant Edition系列珠宝——手镯

（四）实用元素的剖析与提取

实用元素是指从功能性的角度探索设计所表达的内容、含义、美感及设计的目的。实用元素可能在视觉表达上与视觉元素或关系元素并无太大差异，但其从目的上来说是具有一定功能的，为某些特定的目的而服务。

实用元素常常蕴含着特殊的寓意或者内容，例如荷兰珠宝设计师 Bibi van der Velden（比比・范・德・威尔登）刚刚推出一个以万圣节为主题的珠宝系列[②]，灵感来自最具标志性的“鬼怪”元素——海蛇、蝙蝠、蜘蛛、渡渡鸟、圣甲虫、独角兽等。材质搭配更为有趣，例如真实甲虫翅膀等都被当成“宝石”来使用。

在这套《万圣节》系列中，“蜘蛛”作为恐怖昆虫的代表自然不会缺席，设计师塑造出立体镂空的蛛网结构，环绕于手腕和指间，中央的蛛丝则由纤细的短链连接，蜘蛛造型由镀黑处理的金质打造，背部亦点缀明亮的钻石。如图2-42，最生动的是一条蜘蛛项链，蛛丝末端有多颗水滴形月光石，

图2-42　《万圣节》系列珠宝——蜘蛛项链、圣甲虫戒指（Bibi van der Velden）

① 本系列首饰作品图文来源于《每日珠宝杂志》，撰稿：X Fiji，编辑：X 兰斯洛特，2018年5月30日。
② 本系列首饰作品图文来源于《每日珠宝杂志》，撰稿：X Fiji，编辑：X 兰斯洛特，2018年10月31日。

如同凝结于蛛网的露珠。材质最为独特的是一枚圣甲虫戒指，眼睛材料是莱石，甲壳由棕色钻石铺镶，背覆天然的圣甲虫翅膀，呈现耀眼的蓝绿色光泽；戒托则设计为交错的树枝造型，经过镀黑处理，表面雕刻有细腻的纹理和叶脉纹路。

如图2-43，一系列的蜘蛛元素的设计，包括用镶嵌圆形切割钻石和沙弗莱石制作的白金手镯、耳坠，镶嵌棕色钻石和无色钻石的白金手镯、戒指、耳坠，镶嵌蓝宝石的电镀钛金属耳钉，可谓通过各种材料与各式各样造型的蜘蛛元素将万圣节气氛烘托得淋漓尽致。

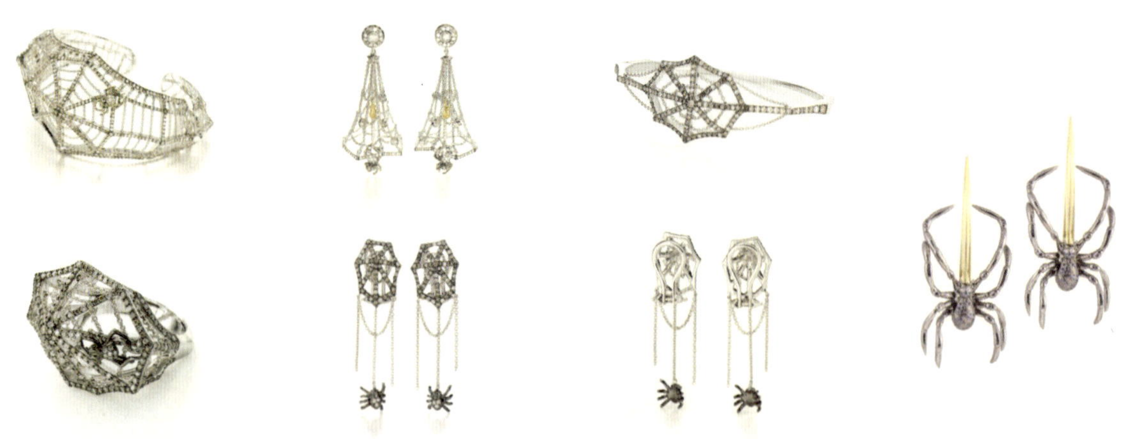

图2-43 《万圣节》系列珠宝——蜘蛛元素首饰（Bibi van der Velden）

二、思维的延续

灵感的提炼和思维的延续是整合需要创造的信息，然后在记忆中提取与之相关联的不同元素，并将之转变成设计形象的过程。还可以是对相关联的元素进行抽象处理，使得设计的形象从具象逐渐转变为抽象形态的过程。首饰设计创意的获得方式是多种多样的，可以来源于世界上实体或虚拟的任何事物。世间万物皆可是设计创意的来源。其关键点是创造者要用自身的知识储备和认知与感知能力对所获得的各类信息进行规划整理和分析，充分理解信息的关联性，从中提炼灵感，使之形象化，成为首饰设计构思。

首饰设计过程，是思维灵感的提炼和概括，然后将其转变为立体造型的过程。它是肌理、色彩和形体及构成形式的综合应用。而构成的概念是一个近代造型概念，它研究的是造型的形式。这个“形”，包括二维平面上的图形和三维立体的形体两个方面。同时通过材质质感和肌理的搭配以及色彩的应用，通过色彩的视觉效果，把“形”的表面表现得更加丰富。图形、形体和色彩组成了首饰造型设计研究的三个主要方面。构成学研究的是诸如形的塑造材料、形的组合关系、形的表现技法、色彩的表现等方面的内容，贯穿整个首饰设计的造型实现过程。

（一）构图的层次

平面构成设计法则与现代首饰的设计息息相关。平面构成设计法则是将某一形态进行深入分析研究，在深入认识这一形态的基础之上进行重新构成组合。现代首饰设计也是如此，下面从现代首饰的表面装饰和现代首饰的造型两个方面来探讨平面构成设计法则与现代首饰设计的关系。从平面图形的构成手法来看，重复、渐变、近似、发射、特异、密集、变形、解构、重组等构成方式都可以用在首饰设计中。

1. 重复

如图2-44、图2-45，重复构成是构成的最基本手法，也是首饰设计常用的构图形式。重复构成是指同一视觉画面中，相同的基本形重复出现两次或者两次以上的构成方式。基本形多次重复出现，容易形成秩序感和规律性，使得首饰整体视觉画面统一、和谐。

2. 渐变

渐变构成是指在首饰设计中，基本形具有渐次变化性质的构成方法。渐变构成通常出现两个完整、明确的基本形，以及在这两个基本形之间逐渐过渡变化的多个不确定形。渐变构成由形态、大小、色彩、方向等元素发生渐次的变化而得。在渐变构成当中需要注意的是每次渐变的程度是需要被控制的，且相对平均，后一个渐变形与前者之间还要保留大部分的关联性。渐变构成在首饰形态塑造中能产生统一且具有丰富变化的视觉效果。

3. 近似

如图2-46，近似构成是指在形状、大小、色彩、肌理等方面有着共同的、相似的特征，并以重复或近似的形式来排列所形成的图形样式。近似构成与渐变构成较为相似，但是近似构成没有渐变构成的变化动线关系，近似构成相对渐变构成则更显得自由和丰富，而渐变构成较之近似构成则更有秩序感。

4. 发射

发射构成是重复构成与渐变构成的一种特殊表现形式，它既有重复构成的基本形元素，又有渐变构成的方向渐变原则。发射构成一般能够找到明确的聚集中心点和向外放射的发散路径。其重复属性表现在基本形或骨骼单位环绕一个或多个中心点向外扩散或向内集中。如图2-47、图2-48发射构成的首饰设计通常具有放大或旋转的动态视错觉效果。

5. 特异

特异构成是指在规律化中进行突破。它是前面所提到的构成方法的又一突破方法。特异构成是以突破规律、打破固有形式的视觉表现为目的的构成形式。特异构成在秩序化中形成局部对比变异，其中个别骨骼或基本的特征与突破规律的单调性，使其局部与整体既相互对立，又相互联系，进而形成鲜明的反差感以增加趣味性。“万绿丛中一点红”“鹤立鸡群”等，即特异构成的具体表现案例。特异构成通常能够突出“异”的鲜明对比效果，使人产生强烈的、刺激的反差心理反应。如图2-49在首饰设计中常常用特异的方法，凸显其中需要表现的主题或使用的重要元素。

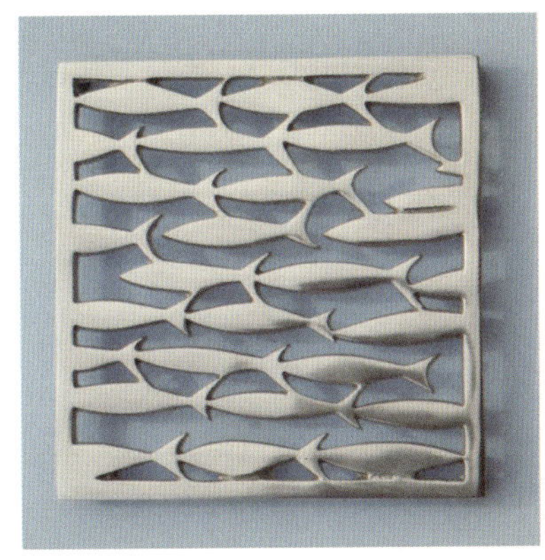

图2-44　鱼形重复构成胸针

图2-45　弧形鳞片状重复构成吊坠

图2-46　中空形态近似构成项链

图2-47 旋转发射状构成吊坠

图2-48 发射状群镶钻石珠宝吊坠

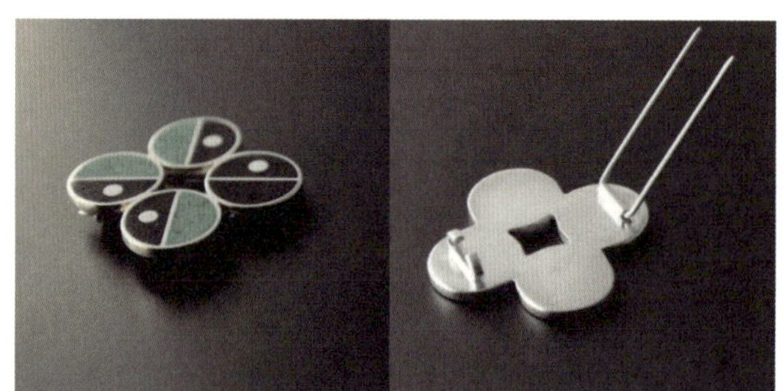

图2-49 几何形特异构成胸针设计

（二）色彩的搭配

1. 首饰的色彩载体

首饰色彩指的是首饰造型设计中所用材料的表面色彩，包括本色和人为处理色。在首饰设计中，色彩的载体有贵金属、K金材料、宝石、半宝石以及各类涂装材料如珐琅、烤漆等。贵金属因其稳定的材料性质，不易变色或不易受侵蚀，通常表现为材料本色，如黄金首饰。而K金材料及其他非贵金属材料制成的首饰，如图2-50、图2-51，表面色彩往往经过人为处理，根据需要呈现出各种色彩，如14K金色、18K黄金色、玫瑰金色、白金色等。宝石、半宝石之间的颜色搭配也是常见的首饰色彩设计手法。此外如图2-52，还可以通过各种不同颜色的涂装材料之间的色彩搭配和应用，表现首饰色彩设计。现代化的首饰消费中，人们追求时尚，讲究首饰配饰与服装之间的搭配，因而首饰的色彩也与时尚密切相关。

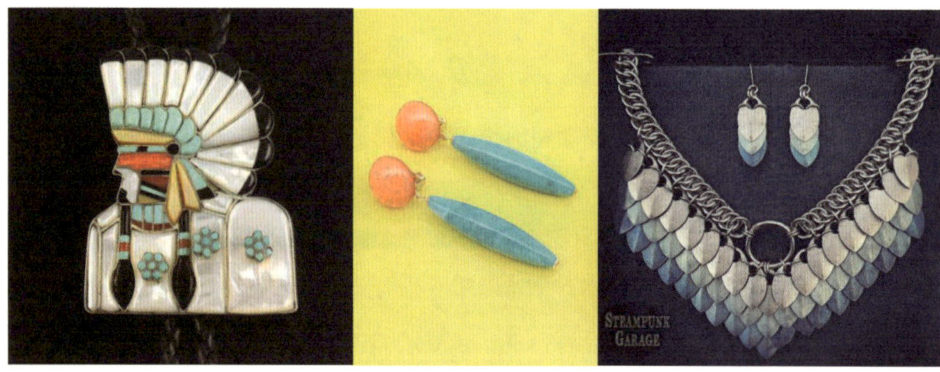

图2-50 利用金属材质可以电镀的特性进行色彩搭配

图2-51 金属表面阳极氧化彩色吊坠

图2-52 CHANNEL《非凡臻品》系列作品使用白色珐琅搭配K金本色金属

2. 色彩搭配方案的构思与采集方法

（1）师法自然。

大自然是鬼斧神工的设计师。且不说仿生设计的那些伟大发明，仅仅从色彩角度，自然界就有设计师取之不尽的搭配素材。从自然界汲取色彩设计灵感，经过提炼和加工，调整色彩面积和配比，呈现或微妙或强烈的色彩搭配设计。

如图2-53，梵克雅宝SEVEN SEAS（七海）系列《里海·神秘波浪胸针》以海洋渐变的色彩，使用蓝宝石、帕拉伊巴碧玺等进行色彩海洋的再现。色彩在色调统一的基础上，具有丰富的渐变层次。

（2）凝练文化。

民族的，就是世界的。每个国家和地区的传统文化是设计师浩如烟海的灵感之源。中国就有国画、戏剧、建筑、刺绣、传统生活用品等传统文化。不同地区有不同的文化特色，将文化特色加以提炼利用并从一个地区发散开来，是一种利用设计进行文化传播的有效途径。凝练文化的首饰色彩设计能够在文化族群中激荡出强烈的文化共鸣。

如图2-54，2018年Chopard珠宝Red Carpet（肖邦珠宝红毯）系列《踏上可汗与可敦的遥远领土》，从蒙古皇后的着装和首饰中提取设计元素和色彩，打造出神秘而奢华的珠宝设计系列。

图2-53　梵克雅宝SEVEN SEAS（七海）系列《里海·神秘波浪胸针》

图2-54　Chopard珠宝Red Carpet（肖邦珠宝红毯）系列《踏上可汗与可敦的遥远领土》

（3）引领潮流。

设计师必须充分考虑大众审美取向，要对社会热点有敏锐的触觉。服装时尚流行趋势、热门影视作品、重大体育赛事等都会带来明显的设计风潮。这种风潮能在一定时间内对大众消费产生强有力的刺激作用。在时尚、潮流、时事等方面进行色彩的提取通常是时尚配饰和商业首饰常用的色彩采集方法，这样的色彩搭配通常是活跃的、有吸引力的，能在很大程度上促进大众首饰配饰的消费。

（三）造型的组合

形体的组合实现首饰最终的实体效果。通过面块、色块等的立体化，首饰作品最终得以呈现，触手可及，成为真正的“物”。

1. 形体的构成方法

形体的构成方法有变形、形体切割和形体组合三种。

（1）变形。

可使几何形体具有生命感和人情味，具体表现为：①扭曲，如图2-55使形体柔和且富有动态；②膨胀，表现出内力对外力的反抗，富有弹性和生命感；③倾斜，如图2-56使基本形体与水平方向呈一定角度，表现出倾斜面，产生不稳定感，达到生动活泼的目的；④盘绕，如图2-57，基本形体按某个特定方向盘绕变化而呈现某种动态。[①]

图2-55　形体的扭曲形成流畅的曲线变化

图2-56　形体的倾斜带来的动感

图2-57　使用线性的盘绕烘托首饰造型的主次变化关系

（2）形体切割（减法创造）。

指的是对基本形体进行切削、分割而形成新的形体，传达新的意义。切割的面可为直面，也可为弧面，切割的方向有横向、斜向、垂直、回旋等。此外，形体切割及形体组合的形式对于首饰设计也具有重要意义。

（3）形体组合（加法创造）。

指两个以上的基本形体组合成新的立体造型。其组合关系有重复、近似、渐变等，组合方式为上下的堆砌重叠和前后左右的连续发展。形体组合应用于首饰设计中应注意：第一，重心要稳定。立体构成中所有的构成形都应注重此点，但在首饰设计中更加注重心理上的稳定感，而不是物理上的稳定性。第二，同轴心为形体组合的一般规律，如对称、环绕等。第三，平面应简洁并向周围扩展，立面应变化均衡，造型的最高点一般位于偏中靠后的位置。第四，应有主有次，有实有虚，纵横交错而富于变化。第五，应注重围观时的时空效果。由于首饰是供人佩戴的，因此这点在首饰设计中无须过于强调。整体造型要做到简洁、完整、统一。[②]

2. 首饰设计形式美法则

人类在创造自然、改造自然的进程中，始终离不开形式美的规律，追求内容与形式的完美结合。而首饰设计具有审美客体的同时，更具备多样性、直观性和自身独特的形式，其艺术形式法则包括对称与均衡、对比与协调、反复与渐变、节奏与韵律、比例与尺度。

---

① 张帆：《构成的形式法则与首饰设计》，《装饰》2003年第2期。

② 张帆、郑立波、彭静：《形态的创造与设计——立体构成在首饰设计中的应用》，《宝石和宝石学杂志》2001年第4期。

第三节　形态表述与方案绘制

前面我们提到如何进行设计思维的开拓，如何将设计想法进行快速的记录和提炼。那接下来本小节则要进行珠宝首饰形态表述与方案绘制介绍。迄今为止，珠宝首饰的形态表述和方案绘制既能利用传统的画笔、颜料、尺规、纸张等媒介进行徒手的绘画表现，又能利用现代计算机软件技术进行模拟效果图的建模、渲染表现。如果说设计思路和设计创意是珠宝首饰设计的灵魂，那形态表述和方案绘制则是灵魂的视觉化途径。

一、效果图正稿绘制

（一）首饰效果图绘制的基本规则

如今首饰行业内的效果图绘制手法五花八门，各个企业都有自家设计师常用的绘制要求。但是这些设计图纸并非所有设计师或打版师都能看得明白，这种情况往往导致企业在开发阶段耗费在设计图纸沟通上的时间和成本大大增加。首饰设计师能够清晰地表达设计意图和设计效果，则能事半功倍。因此，本节结合各类型产品的三视图绘制规则，整理和归纳了以下首饰效果图的绘制规则。

（1）一比一原则或等比例放大原则。

首饰设计效果图一般遵循一比一绘制原则，绘制图样的尺寸与最终制作的实物尺寸相同。与此同时，为了能够更清楚地表达珠宝首饰的结构和细节部分，这类效果图亦可以等比例放大进行绘制。但是这类等比例放大的效果图，必须标明图纸的比例。放大的效果图在细节和结构的表现上更加清晰，而一比一绘制的效果图则能更加直观地表现珠宝首饰的尺寸大小，方便观者检验和联想。

（2）正投影图放置位置原则。

首饰设计正投影图一般在画面内放置平面图、正面图和侧面图。要求平面图、正面图、侧面图的大小一致。如图2-58，以镶石戒指为例，平面图指的是戒指顶面正投影图，正面图则是指戒圈正投影图，侧面图则是指戒指侧面正投影图。展示时一般将戒指平面图放在画面较为中心的位置，然后在其正上方放置正面图，在正面图的左边放置戒指的侧面图。

（3）首饰三维透视与比例。

效果图绘制透视通常分为一点透视、成角透视、多点透视三种。首饰设计效果图通常分为两种：正投影图效果和立体成角透视效果，即首饰一般在三维效果图表现时用成角透视的规则，而在三视图绘制时则用无透视规则。

图2-58　戒指正投影图效果临摹练习（蔡沛璇）

（4）首饰材质表现。

除了首饰的具体尺寸和比例，首饰材质表现也是首饰效果图的重要内容之一。通过不同材质的搭配设计才能最终呈现丰富精致的首饰美感。首饰材质表现可简单分为金属材质、各类宝石和半宝石材质，以及其他常见首饰材质（包括配饰当中常用的珐琅材质、烤漆、陶瓷、皮质、树脂板材等）三大类别。以下将从具体的案例入手，介绍首饰材质的表现技法。

（二）金属材质的表现技法

金属材质包含黄金、铂金、银、玫瑰金、铜以及各类不同色度的K金等。其光影效果基本一致，色彩呈现则千差万别。所以在金属材质的表现技法练习中通常先练习金属质感的光影绘制，如图2-59，以银、铂金等黑、白、灰色的金属材质入手。后期再过渡到有色金属的练习。银色金属的绘制练习可以从简单的素圈戒指的绘制入手。戒指的立体效果图一般选择一个45° 角，方便表现戒指的戒面和戒圈部分。

图2-59　金属戒指练习稿（罗冠章）

金属材质又有不同的表面处理技术，呈现的效果也不一样。可以在绘制完抛光的金属效果之后，再用金粉刷入喷砂效果，或利用粗毛水粉笔蘸水粉颜料刷入拉丝效果。表面质感的技法非常多，每位设计师都用自己常用的方法。技法不是唯一的，只有通过反复练习才能掌握并做出满意的效果。

（三）素面宝石的表现技法

如图2-60，素面宝石在业内亦称为波面宝石，即将宝石原石切成形状之后，表面进行弧面打磨和抛光，宝石光泽圆润细腻。如图2-61素面宝石的绘制主要表现弧面切割这种色彩圆润、光影细腻的特点，首先铅笔稿绘制外轮廓，注意铅笔用笔要轻，方便后期上色前擦拭。然后用针管笔勾勒线稿，擦拭铅

图2-60　素面切割宝石

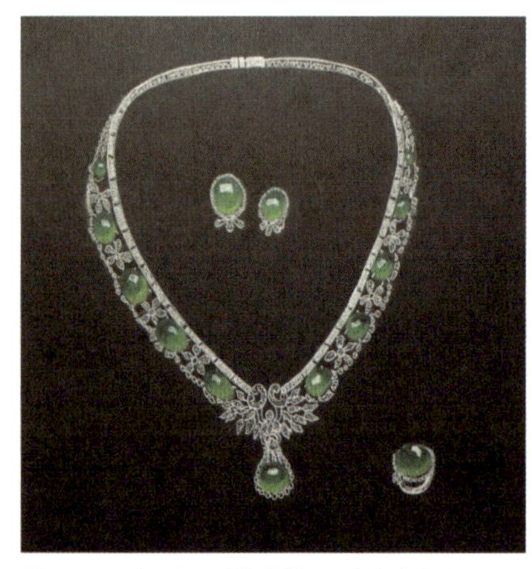

图2-61　素面宝石临摹练习（陈小蕊）

笔稿。接着用铅笔勾出高光位置进行预留，用毛笔蘸水先涂一遍宝石位置，晕开色彩。上色注意明暗变化，单色素面宝石用同一色彩或同一色系进行绘制。高光笔勾画提亮高光和反光部分。针管笔勾画外轮廓边缘，注意不要全勾，在亮面可适当留出空位，增加变化。珠宝首饰效果图绘制的纸张要求厚度厚，纸张表面细腻，这样在橡皮擦拭和水彩上色时不容易损坏纸面，影响效果。

（四）刻面宝石的表现技法

刻面宝石的璀璨火彩也是人们对珠宝首饰着迷的重要因素之一。在首饰手绘表现中若能够真实还原刻面宝石的光影和火彩，也必定能为效果图增加成倍的表现力。在刻面宝石绘制之前，我们应该先对宝石的色彩以及刻面宝石的形状有深入的观察，对其切割的思路和刻面的结构有一定的了解。如图2-62为刻面宝石的颜色与形状，刻面宝石常见有圆形切割（图2-63）、椭圆形切割、梨形切割、马眼形切割、方形切割（公主方）、祖母绿切割、心形切割、星形切割、弧三角形切割等。受宝石的物理结构排列影响，不同的宝石切割往往是为保留其坚固的物理特性，避开原石杂质或裂痕部分，从而切割成各种不同的形状。形状不同，切割的手法也不尽相同。如图2-64，圆形切割的钻石，从侧面观察，上部称为冠部，下部称为亭部。顶部中心称为台面，其次是冠主面、星面、上腰面，下部的刻面有下腰面、亭主面。

图2-62　刻面宝石的颜色与形状

图2-63　圆形切割钻石侧面

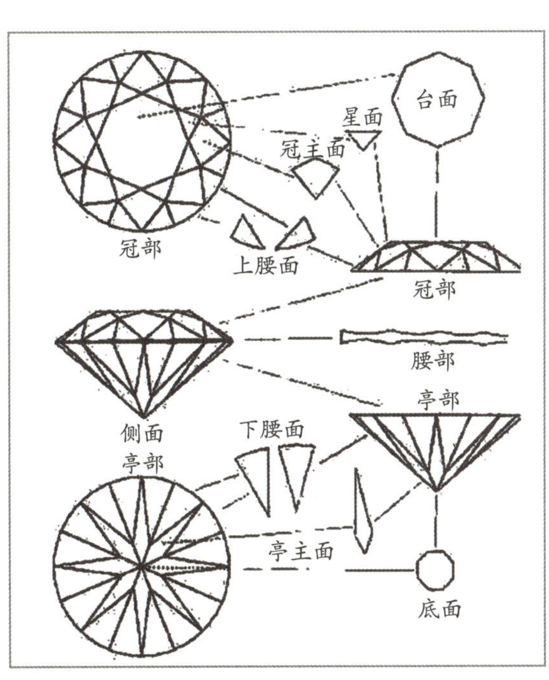

图2-64　圆形切割结构

刻面宝石的绘制步骤如下：

（1）先画一个垂直相交的“十”字，然后以“十”字交点为圆心画出直径比约为3：5的两个同心圆。（如图2-65）

（2）把两个同心圆平均分成8份（份数越多宝石刻面越多），并定出两个圆上共16个点。（如图2-66）

（3）在每四个点的中间部位定出第五点，以此类推定出一组8个中间点。（如图2-67）

（4）从中间点向周围四个点连接四条线段，从中间点向外圆点的中点连接第五条线段。（如图2-68）

（5）以此补齐其余位置的五条线段，刻面已经画好。（如图2-69至图2-71）

（6）稍做修整，用水彩给每个宝石刻面上色。（如图2-72）

除最常见的圆形切割宝石外，椭圆形切割、梨形切割、马眼形切割、祖母绿切割也是首饰设计中常用的刻面宝石，其画法如图2-73至图2-79。

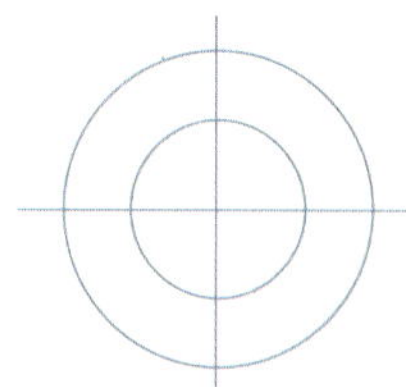

图2-65　圆形切割画法步骤一

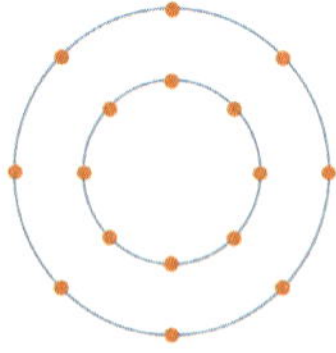

图2-66　圆形切割画法步骤二

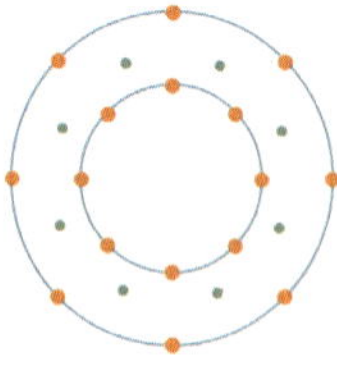

图2-67　圆形切割画法步骤三

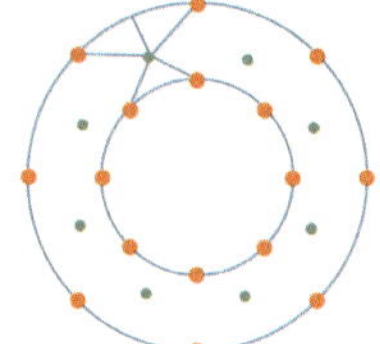

图2-68　圆形切割画法步骤四

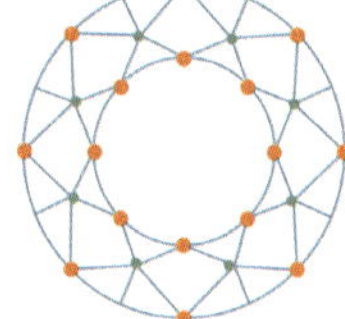

图2-69　圆形切割画法步骤五

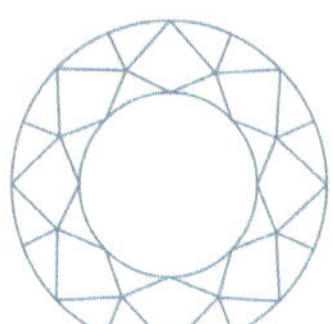

图2-70　圆形切割画法线稿

图2-72　圆形切割画法步骤六

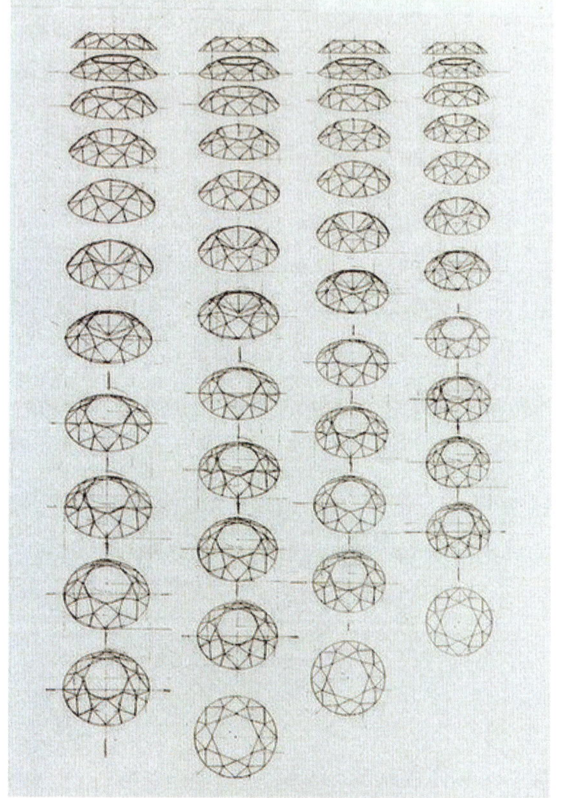

图2-71　圆形钻石切割的透视（图片来源于www.pintrest.com）

图2-73　椭圆形切割画法（图片来源于钟邦玄《珠宝设计讲义》）

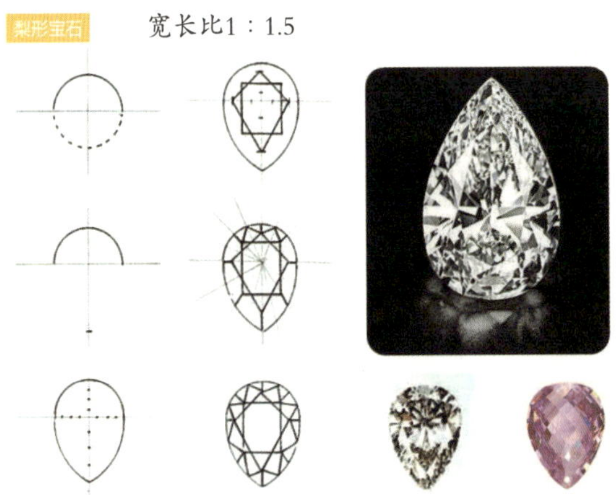

图2-74　梨形切割画法（图片来源于钟邦玄《珠宝设计讲义》）

图2-75　椭圆形切割绘制练习稿（罗冠章）

图2-76　梨形切割绘制练习（陈尚唯）

图2-77　马眼形切割画法（图片来源于钟邦玄《珠宝设计讲义》）

图2-78　马眼形切割绘制练习（郑洲贞妮）

图2-79　祖母绿切割画法（图片来源于钟邦玄《珠宝设计讲义》）

线稿绘制要点：

铅笔要求0.3毫米的细自动铅笔。铅笔打稿要求透视准确，用笔力度轻，方便后期擦拭。笔要使用最细的003针管笔头。用笔要求肯定干脆，不拖泥带水，线条有弹性，准确勾画铅笔稿的透视和比例。

水彩与勾线笔上色要点：

在用水彩颜料上色之前，轻轻擦拭铅笔痕迹。用铅笔勾出高光位置进行预留，规划好暗面和阴影。用勾线笔蘸水先涂一遍宝石位置，方便后期上彩晕开。上色注意明暗变化，尽量用同一种颜色或同一种色系画一个单色宝石。保留宝石的通透感，留出高光。注意观察刻面边缘的变化和前后关系，依据实际光影情况进行勾边处理（针管笔和高光笔勾边），避免死板。（如图2-80）

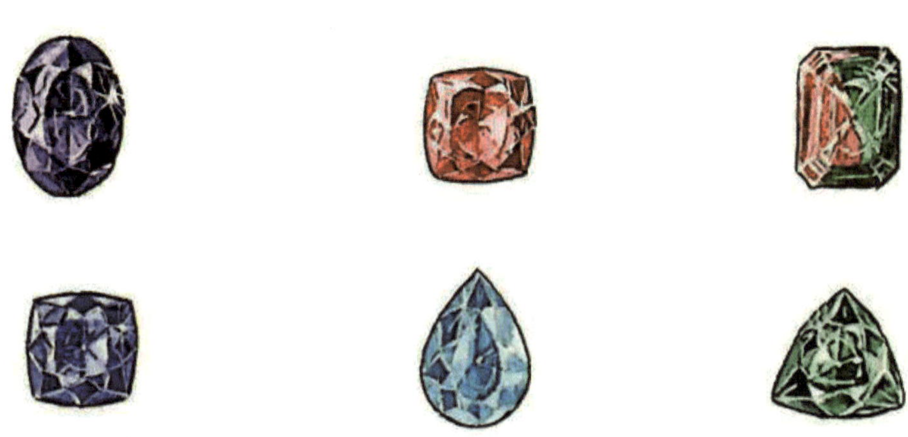

图2-80　刻面宝石练习（劳淑娟）

（五）其他宝石类别的表现技法

1. 珍珠

珍珠是有机宝石一类，珍珠的光泽有金属般强烈的特点，又有温润的色彩，一般呈现为白色、黑色、黄色、粉色、紫色、金色等。珍珠形状一般以正圆球状和水滴状被大家追捧，而异形珍珠（巴洛克珍珠）也因其形状特别而使不少人为之痴迷。珍珠的色泽过渡圆润柔和，但是明暗差异较大。绘制时可以利用尺规之类的工具，勾画较为准确的圆形，然后再进行色彩渲染。

2. 欧泊

欧泊也称为蛋白石，按照颜色可分为白欧泊、黑欧泊和火欧泊三大类。其色彩丰富变幻，被称为宝石的“调色板”。在欧泊的绘制过程中，可以根据其色彩选择不同颜色的色纸进行表现。如图2-81，选择白卡纸作为媒介，将欧泊的颜色表现为丰富的淡彩粉色；如图2-82则是使用黑卡纸表现黑欧泊，欧泊的颜色则表现得更加鲜艳多彩。

图2-81　白欧泊绘制练习（罗冠章）

图2-82　黑卡纸绘制黑欧泊练习（罗冠章）

3. 有机宝石、孔雀石

有机宝石、孔雀石绘制效果如图2-83、图2-84。

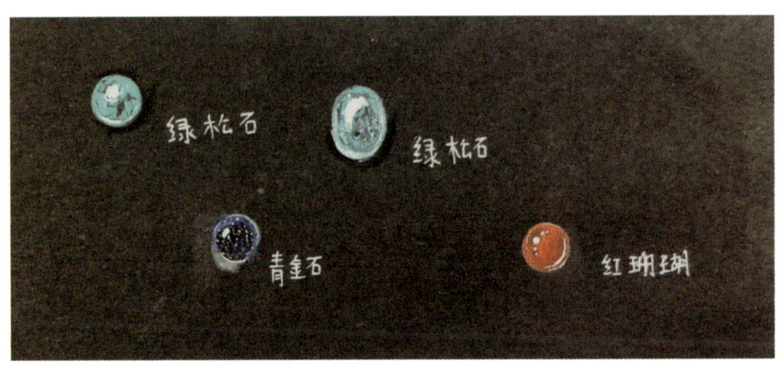

图2-83　有机宝石绘制练习（邱少馨）

图2-84　孔雀石绘制练习（邓艳）

4. 猫眼石和星光蓝宝石

猫眼石和星光蓝宝石绘制效果如图2-85、图2-86。

图2-85　猫眼石绘制练习（罗冠章）

图2-86　星光蓝宝石绘制练习（邓艳）

（六）首饰镶嵌的表现技法

珠宝首饰在设计绘图表现中，必须清楚表现宝石的镶嵌方法，方便设计和制作流程中的沟通，实现从设计稿到成品的完美呈现。珠宝首饰的宝石镶嵌方法多种多样，这里选择常用的四种镶嵌形式进行画法介绍：爪镶、包镶、槽镶（夹镶）、钉镶。

1. 爪镶画法

爪镶，即使用爪状金属将宝石抓住的一种镶嵌形式，如图2-87。在表现爪镶时，需要注意每个爪都有为宝石腰部预留内切的凹位，牢牢抓住宝石。单石爪镶爪数可根据具体形态要求分为二爪、三爪、四爪、五爪、六爪等，理论上金属爪越多，宝石镶嵌越稳固。多石爪镶则可分为共爪镶嵌和不共爪镶嵌。如图2-88，共爪镶嵌是指两颗相邻的宝石在镶嵌时，在两颗宝石中间的金属爪同时负责抓住两边的宝石，即共用金属爪。

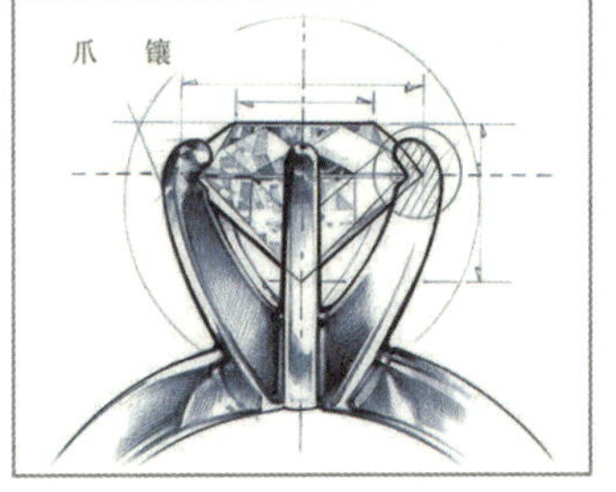

图2-87　爪镶画法
（图片来源于www.pintrest.com）

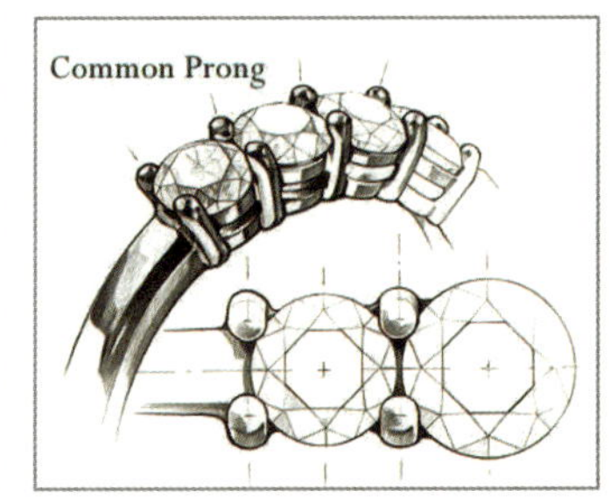

图2-88　共爪镶嵌画法
（图片来源于www.pintrest.com）

2. 包镶画法

包镶是极古老的镶嵌方式之一，即使用金属将宝石从腰部包围一整圈的镶嵌手法。包镶被称为最牢固的镶嵌方法。如图2-89，在顶视图绘图表现时需要注意的是，包镶金属边遮住了宝石的外圈整圈，这也是包镶的一个劣势，包镶宝石后会比原来未镶嵌宝石在视觉上小一圈，在如今想要完美呈现宝石璀璨火彩的时代，包镶并不是最佳的镶嵌选择。

3. 槽镶画法

槽镶又称夹镶、轨道镶、迫镶。如图2-90、图2-91，它是在金属台面的镶口两侧车出沟槽，将宝石夹进沟槽的镶嵌方法。槽镶适用于较小的宝石排镶或豪华款式的曲线排镶。

4. 钉镶画法

钉镶是一种常见的小石镶嵌形式，主要用于直径小于3毫米的小石或副石的镶嵌。如图2-92、图2-93，钉镶绘图表现为在小石周围石与石之间的缝隙中布满钉头。绘制时注意宝石与金属钉头的质感区别。

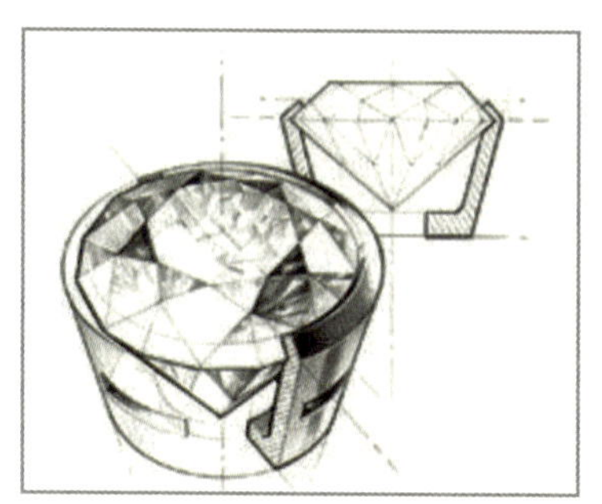
图2-89　包镶画法
（图片来源于www.pintrest.com）

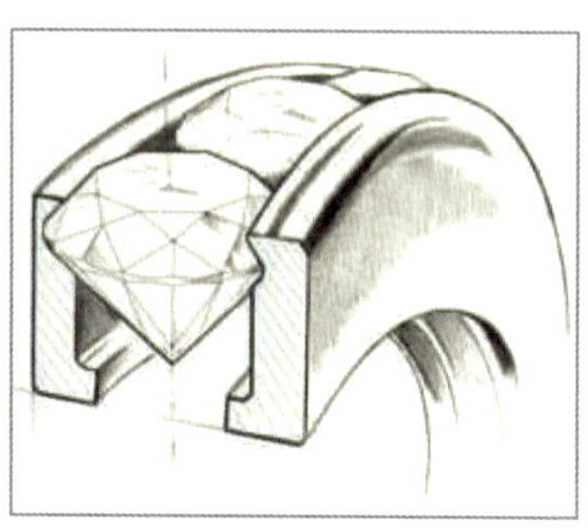
图2-90　槽镶画法
（图片来源于www.pintrest.com）

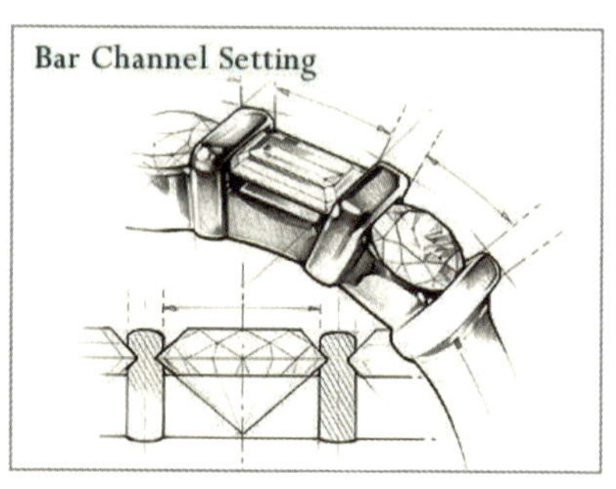

图2-91　夹镶画法
（图片来源于www.pintrest.com）

图2-92　钉镶画法

图2-93　钉镶实例

二、计算机辅助首饰设计表达

计算机辅助绘制珠宝首饰的效果图，是近年来非常流行的表现手法。它有质感突出、着色自然、比例尺度更加直观等优点，能够更加直观生动地表现珠宝首饰的设计效果。在计算机上还能快速进行多种造型的比较、选择和修改，进而提高设计质量和效率。有效利用各种配件库资料进行计算机辅助设计表达，还能大大节省绘图时间。

计算机辅助首饰设计表达通常分为二维软件辅助表达和三维软件辅助建模。二维软件辅助表达如Photoshop、Illustrator、Core Draw等，具有绘图快速、手法灵活、元素和配件资料充分等优点。三维软件辅助建模如JewelCAD、Rhinoceros、3Dmax等，其优点在于建模尺寸和比例都能够直观反映设计的最终造型，且能够利用现有3D喷蜡技术进行等比例蜡模打印，之后直接翻铸贵金属材质和进行后期执模及镶嵌工作；甚至可直接利用3D金属打印技术，省去蜡模和翻铸的工序。以下主要详细讲解两个案例：一是利用二维软件Photoshop进行效果图绘制，二是利用三维软件Rhinoceros进行模型搭建以及Keyshot辅助首饰效果图渲染。

（一）Photoshop 辅助效果图绘制

Photoshop是现今最常用的计算机图像处理软件，常用在照片图像的后期处理。同时，Photoshop功能强大，能够完成多种图形图像绘制工作，这也使得Photoshop辅助的效果图表现成为当今首饰设计师常用的效果图表现手法之一。

案例：章鱼首饰Photoshop效果图制作[①]。（如图2-94、图2-95）

使用Photoshop钢笔工具进行外轮廓线的勾勒，需要注意金属部件的前后穿插关系，以及章鱼触手尾部避免太过尖锐，不适合佩戴。搭配好胸针、扣针配件种类和比例。此部分要做好细节部分的形态调整，注意使用钢笔工具勾画的流畅度。调整确定外轮廓形态后，描边路径，描边笔画2像素即可。

继续使用钢笔工具勾画出章鱼触手的明暗交界线部位，需要闭合路径，注意明暗交界线的面积形态。将路径转变成选区。羽化选区，羽化像素10。填充明暗交界线的深灰色。

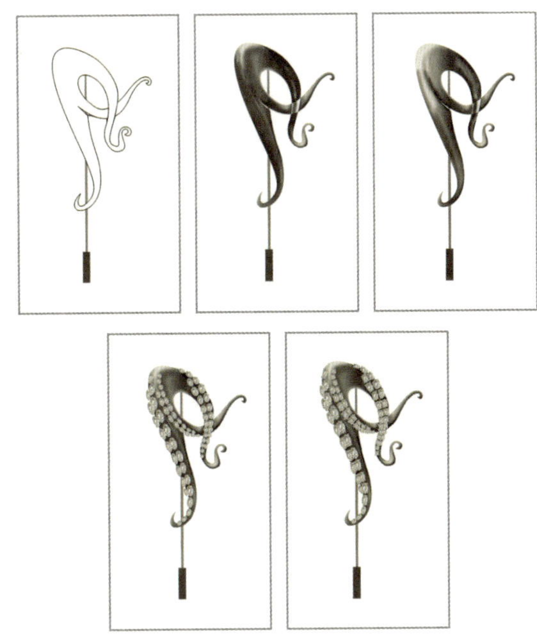

图2-94　章鱼首饰效果图（何嘉航）

图2-95　章鱼首饰效果图（何嘉航）

① 本案例来源于广州商学院艺术设计学院2016级何嘉航。

调整和统一所有明暗交界线的明度，呈现较为统一的金属银材质质感。

选择匹配的刻面宝石图片去底，根据设计图稿的镶石位置进行布石，注意布石的聚散关系以及层次感，调整石头的方向和大小变化。使用加深工具在适当金属部位添加钻石的阴影。

为每一颗石头添加石爪，注意设计的镶嵌种类，此案例采用不共爪的四爪镶嵌。

用同样的手法，制作耳饰部分的效果图。将同系列的胸针和耳饰放置在同一张效果图内，添加浅灰色背景，选取在背景上勾勒阴影位置，羽化选区，像素10，填充较背景深一点的40%灰色作为阴影。效果图基本制作完成。

在后期的呈现中，可以尝试利用背景作为色彩或元素的呈现，起到烘托首饰、展现设计思路的作用。

（二）Rhinoceros 辅助三维模型搭建以及 Keyshot 辅助首饰效果图渲染

三维软件建模是三维设计师常用的设计表现手法，在首饰设计中也同样被广泛应用。在这个非常讲究效率的时代，三维辅助建模设计也逐步成为设计师的主流表现手法之一。

现在珠宝首饰行业内常用JewelCAD和Rhinoceros进行珠宝首饰三维模型制作，产品设计专业则多用Rhinoceros进行三维模型制作。所以这部分就大专业方向下常用的Rhinoceros软件案例介绍珠宝首饰三维模型的制作过程。

案例：台球吊坠Rhinoceros模型制作[①]。

如图2-96，首先利用Rhinoceros的“线条”工具，在正视图上画出台球吊坠的线稿，调整好各个部分大小和比例关系。设想下方部位为一颗直径为5毫米的白色珍珠，上方则用减法将台球的球组表现为扁平状金属片。利用立体与平面相结合的方式做简约的款式设计。最下方则用悬挂金属棒的形式，表现台球球杆形态。

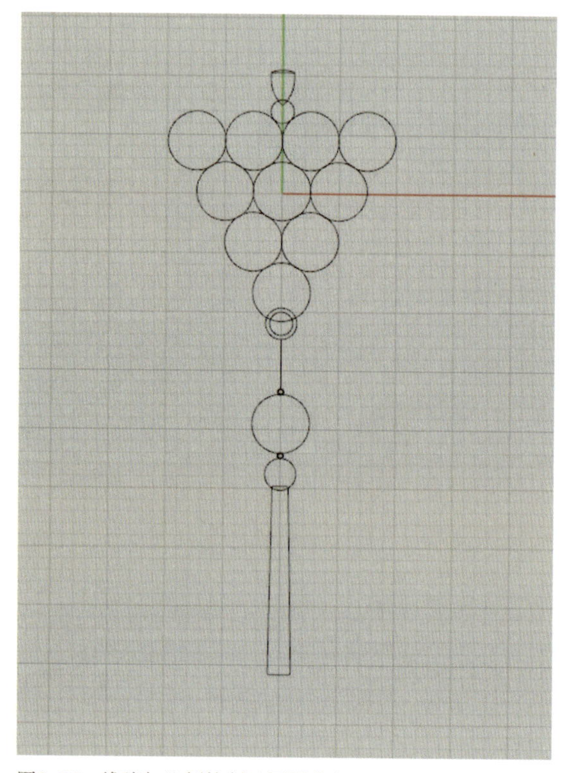

图2-96　线稿与比例控制（罗冠章）

如图2-97，调整好正面形态的比例之后，利用“挤出封闭的平面曲线”工具，挤出上部分扁平球组实体。之后进行“布尔运算联集”，将多个扁平球连成一个整体。使用“圆管”工具给上下两个连接的圈放出截面直径为0.8毫米。（注意在建模过程中，尽量所有细小位置的截面直径不小于0.7毫米，避免用电脑三维模型进行3D喷蜡和翻铸，以及后期压胶模翻倒生产时，发生断截和变形。）

如图2-98，最下方的杆形坠子需要在顶部接上一个圈扣，使用“圆管”工具建好圈扣之后，使用“修剪”工具，在圈口和杆形相接部分进行修剪，然后再使用“混接曲面”工具，将两个开口面进行混接。最后组合成为封闭的实体，得出杆形坠子的模型。

① 本案例来源于本书作者之一：罗冠章。

图2-97　挤出圆柱平面

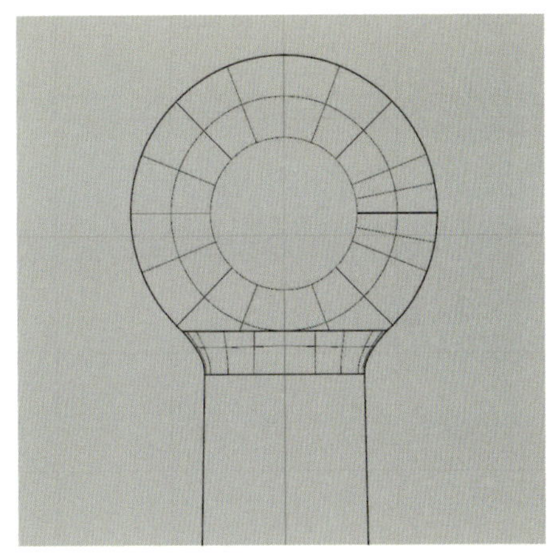
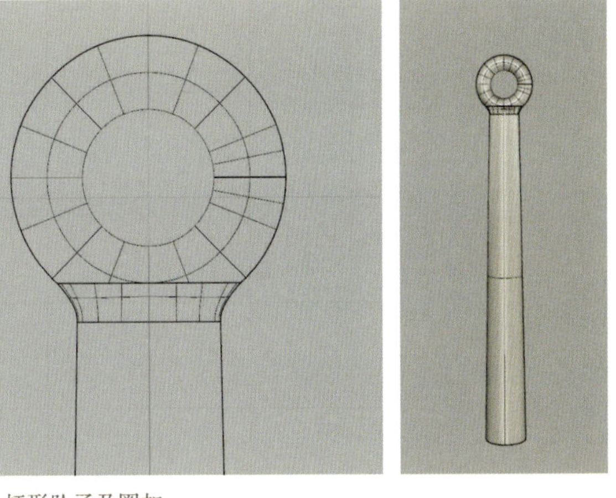
图2-98　杆形坠子及圈扣

台球项链使用3D喷蜡工艺需要将杆形坠子和扁平球组分开进行喷蜡，最后再使用链状结构进行组合和焊接。如图2-99，在制作效果图时，可以将珍珠和链子，以及顶部瓜子扣的模型都建好，方便直接渲染出设计效果图。

瓜子扣的建模：

如图2-100，首先使用“控制点曲线”工具，画出瓜子扣侧面和截面轮廓线。

图2-99　圈扣及珍珠

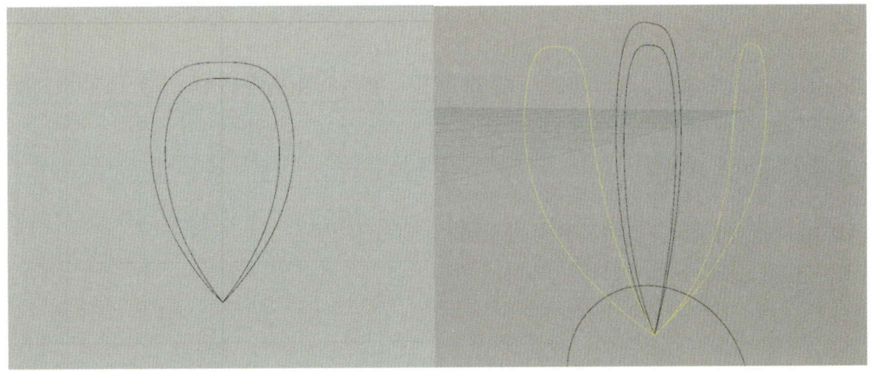
图2-100　瓜子扣侧面和截面轮廓线

然后，同样用“控制点曲线”工具画好瓜子扣两侧轮廓线。（如图2-101至图2-103）

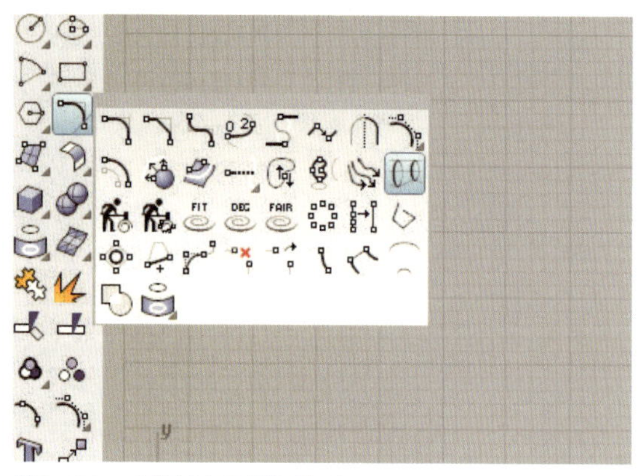

图2-101 “控制点曲线”界面

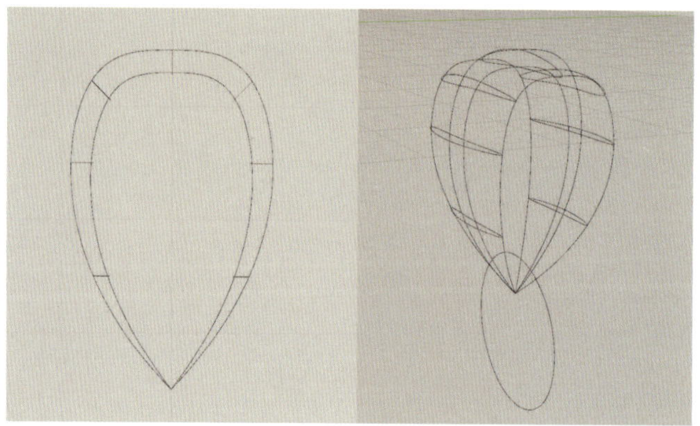

图2-102 瓜子扣两侧轮廓线

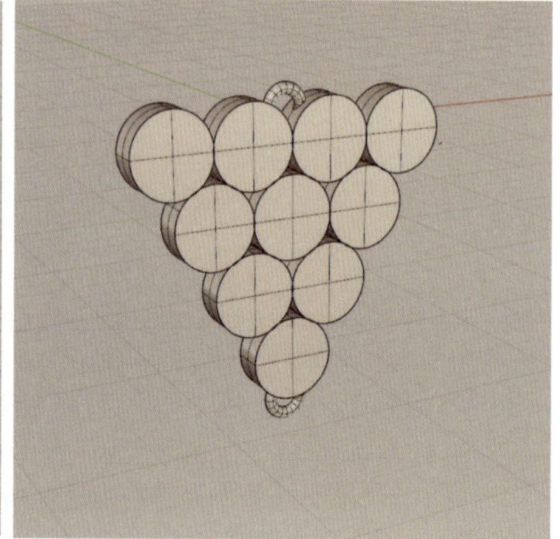

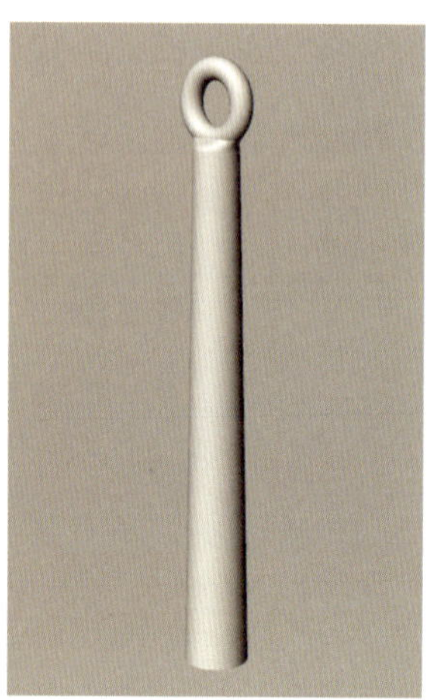

图2-103 实体模型

接着使用“从断面轮廓建立曲线”工具，在侧视图上绘制断面轮廓线，使用“点”工具添加端点，最后使用“放样”工具，依次选择端点和各条断面轮廓线，放样出实体模型。

最后，将建好的模型导入Keyshot软件，使用18K抛光黄金材质，珍珠部分使用白色珠光漆材质。调好角度，输出渲染。至此，台球项链的三维效果图制作完成。（如图2-104）

图2-104 三维效果图

在使用3D喷蜡技术进行制作之前，要注意将连接的实体部分进行“布尔运算联集”，接着再分部件导出STL格式文件，然后导入模型到3D喷蜡机器进行蜡模喷铸。

最后，是执版出成品（如图2-105）及产品拍摄（如图2-106）。

图2-105　台球项链成品照片

图2-106　台球项链佩戴效果图

以下是案例赏析[①]。

1. 思维导图（如图2-107）

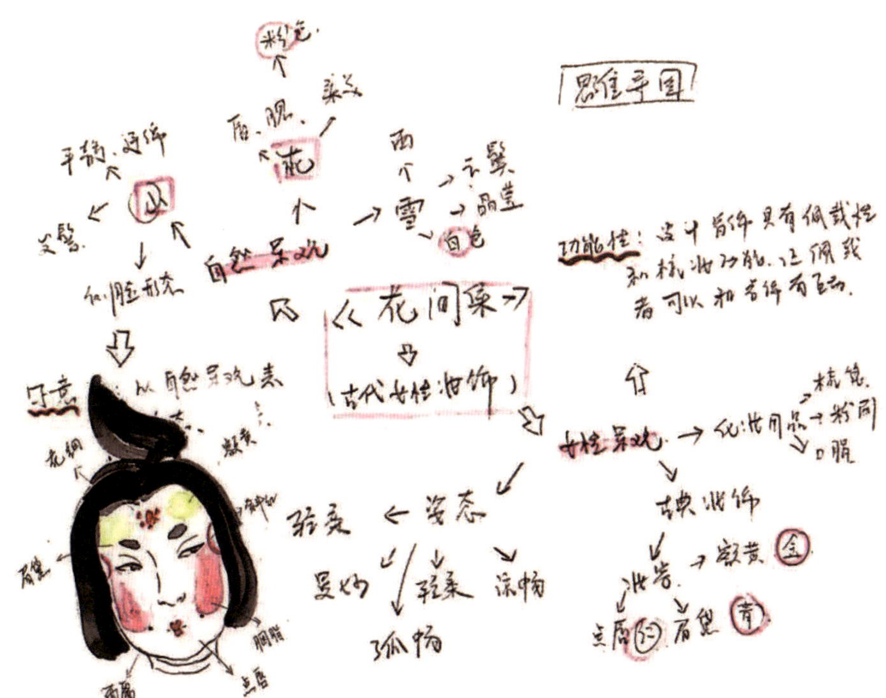

图2-107　思维导图（任俊颖）

① 本案例来源于北京服装学院服饰艺术与工程学院珠宝首饰设计专业2017届任俊颖作品。

2. 素材的搜集

以《花间集》中对女性装束姿态（如图2-108）描写的词句为意象起端，解析如何将古代女性妆饰以首饰形式表达和运用在现代设计当中。在写意方面，从诗词中摘取对女性妆容的描述，通过对“额黄无限夕阳山”“眉黛远山绿”“小山重叠金明灭”“花面交相映”等的理解感受进行描绘，了解古典女性妆容及化妆用具。以梳篦代山，以胭脂染红的粉刷代花，以口脂代夕阳等，以此方式将诗词中的女性与自然重叠、结合。在功能上，正如古代女性的簪子同时可以用来点唇，篦子插在头上妆饰也可用作梳妆。以装饰和化妆功能两用的特点，设计了继承与创新下的现代女性佩戴的首饰。

3. 元素剖析

从中国唐代古典女性妆饰文化出发，以女性的古典妆容、梳妆用具、传统首饰作为新首饰的部分元素和材料，将其与现代首饰和化妆用品结合，进行发展和再造。将妆饰用品与装饰艺术运动风格结合，进行发展和再造。

图2-108 灵感来源

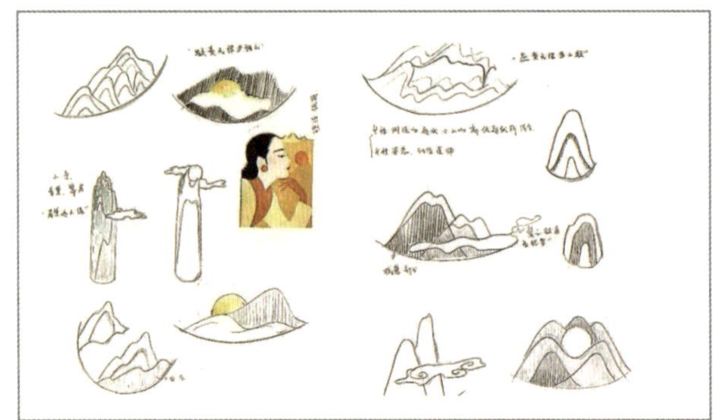

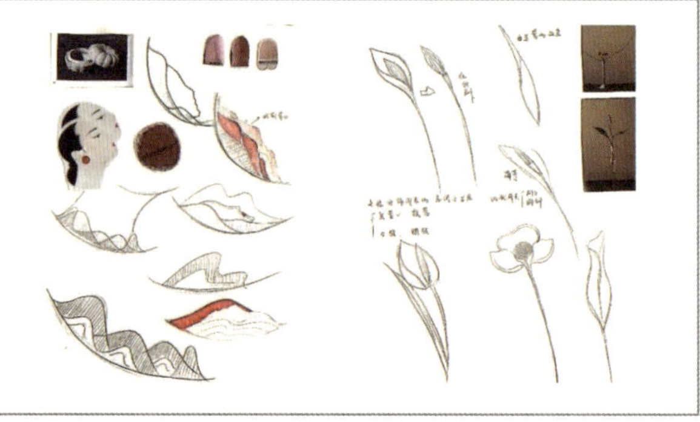

图2-109 妆容元素剖析

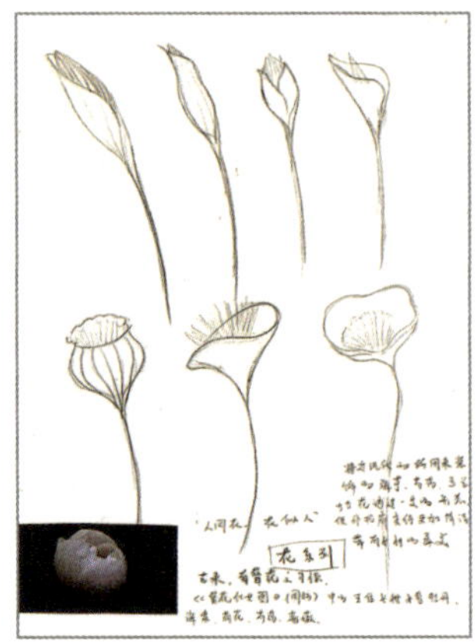

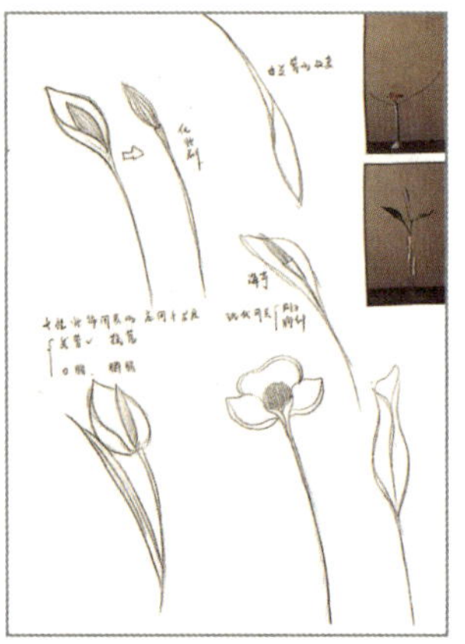

图2-110 梳妆用具元素剖析

雪一般洁白的面庞、樱桃般的红唇、青黑色的描眉、山一般的发髻、面靥的点缀、头上装饰的梳篦与簪花、温婉曼妙的身姿曲线，都是具有鲜明东方女性特点的传统妆饰。（如图2-109、图2-110）不同于传统西方艺术中的裸体女性，东方女性的美有着温婉含蓄、轻柔质朴的鲜明特色。

4. 灵感提炼

从美学的角度来说，首饰的设计风格以

日本传统美学作为指导和方向。作品《物の哀れ》所表现的物（即自然），以及“哀”词人和诗中女性所表达的情感，将这两者融为一体。“雅”，强调轻盈、浅淡、雅致。“侘傺”，清寂，不完美，质朴而纯粹。日本民间艺术家柳宗悦（Soetsu Yanagi）对日本“涩之美”是这样诠释的：将十二分的表现退缩成十分是涩的秘意所在，剩下的二分是含蓄的东方之美。

5. 形态草图表述（如图2-111）

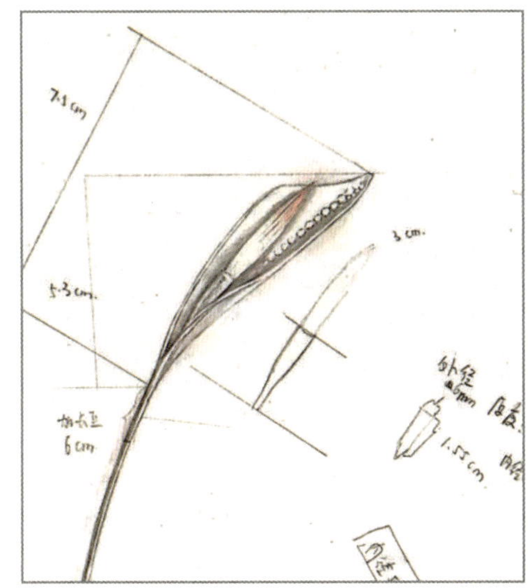
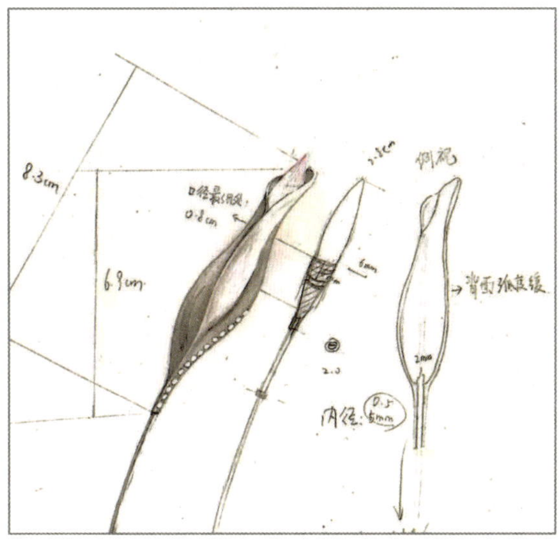

图2-111　形态草图

6. 方案绘制（如图2-112）

图2-112　方案

7. 实验（如图2-113）

图2-113 实验

8. 成品（如图2-114）

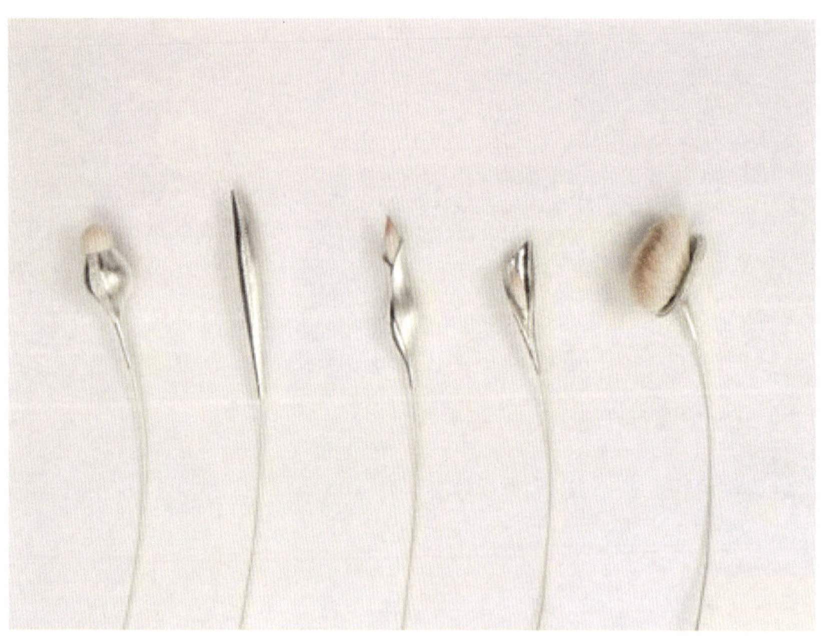

图2-114 成品

9．佩戴效果如图2-115（佩戴模特为设计师本人）

图2-115　佩戴效果图

3

第三章

良工巧匠——首饰设计方案的物化[1]

① 本章内容主要是从主题设计方面出发对首饰材料及加工工艺的相关知识进行补充，更专业、更详细的关于首饰材料与工艺的介绍，可以参看“首饰材料与加工工艺”相关课程教材。

章节前导
Chapter preamble

课程重点：

1. 认识传统和新型首饰材料的特点。

2. 掌握多种首饰材料的制作工艺。

3. 在首饰设计中能够根据材料的不同特性选择合适的材料。

课程难点：

对新型材料的认识和使用。

课堂建议：

本章内容涉及大量首饰材料，建议在条件允许的情况下尽可能多地接触材料的实物，肉眼观察、上手触摸、写生描绘能够对材料的认识更加直观与深刻，例如参观企业的材料库或到首饰材料市场进行调研考察。本章工艺实训部分是在“首饰材料与加工工艺”课程基础上进行的，建议先行修读相关课程。

首饰设计方案的物化是一件作品落地的关键，再漂亮的设计不能制作出实物来也是一件无效的设计。许多同学在构思与设计的时候并未认真考虑材料与工艺，或对材料与工艺不够熟悉，本章我们将在温习首饰材料与工艺的基础上，站在整个设计策划与构思的高度，将其作为主题首饰设计的一个环节来考虑。

第一节　珠宝首饰设计材料

一、金属与宝石材料

（一）金属类材料

1. 金

（1）黄金。

化学元素符号：Au。硬度：与人的指甲硬度相近，摩斯2.5（比较软）。密度：19.32g/cm^3。熔点：1064℃。延展性（韧性）：良好。光泽：金黄色金属光泽，但当含有不同杂质时，颜色变化很大。化学性质：稳定，但溶于王水和汞。

黄金（gold）是人类最早使用的贵金属，是一种软的、金黄色的、抗腐蚀性的贵金属，有良好的物理特性。“真金不怕火炼”就是指黄金的化学稳定性很高，不容易与其他物质发生化学反应，即使是在熔化状态下也不会氧化变色，冷却后照样金光闪闪。密度大，手感沉甸。韧性和延展性好，导性良好。纯金具有艳丽的黄色，但掺入其他金属后颜色变化较大，如含铜合金呈暗红色，含银合金呈浅黄色或灰白色。黄金易被磨成粉状，这也是黄金在自然界中呈分散状的原因，纯金首饰也易被磨损而减少分量。

常见的黄金有金条、金块、金锭和各种不同的饰品、器皿、金币，以及工业用的金丝、金片、金板等。由于用途不同，所需成色不一，或因没有提纯设备，而只熔化未提纯，或提的纯度不够，形成成色高低不一的黄金。人们习惯上根据成色的高低把熟金分为纯金、赤金、色金三种。经过提纯后达到相当高的纯度的金称为纯金，黄金一般指达到99.6%以上成色的纯金。赤金和纯金的意思相近，但因时间和地方的不同，赤金的标准有所不同，国际市场出售的黄金，成色达99.6%的称为赤金。而境内的赤金成色一般在99.2%~99.6%。色金，也称“次金”“潮金”，是指成色较低的金。这些黄金由于其他金属含量不同，成色高的达99%，低的只有30%。

按含其他金属的不同划分，熟金又可分为清色金、混色金、K金等。清色金指黄金中只掺有白银成分，不论成色高低统称清色金。清色金较多，常见于金条、金锭、金块及各种器皿和金饰品。混色金是指黄金内除含有白银外，还含有铜、锌、铅、铁等其他金属。根据所含金属种类和数量不同，可分为小混金、大混金、青铜大混金、含铅大混金等。K金是指银、铜含的比例，按照足金为24K的公式配制成的黄金。一般来说，K金含银比例越多，色泽越青；含铜比例大，则色泽为紫红色。

K值所表示的百分数，都只是一个大致的数，并不要求十分准确。而习惯上又多数是使用偶数K值，如24K、22K、20K、18K等。18K的意思即指24份合金中含金18份，相当于成色75%左右的含量。

（2）铂金。

化学元素符号：Pt。硬度：摩斯4～4.5。密度：21.5g/cm^3。熔点：1773℃。

铂金（Platinum，简称Pt），是一种天然形成的白色贵重金属，早在公元前700年就被人类发现。纯铂为带光泽、有可延展性的银白色金属，它的可延展性是所有纯金属中最高的，胜过金、银和铜，但其可锻铸性却比金低。铂金属的抗腐蚀性极强，在高温下非常稳定，电性能亦很稳定，但可被各种卤素、氰化物、硫和苛性碱侵蚀。铂不可溶于氢氯酸和硝酸，但会在热王水中溶解，形成氯铂酸。铂非常罕见，常被误认为是银。自然界中的铂常以未经化合的单质出现，或与其他铂系元素或铁形成合金。

铂是贵金属贸易商品。铂币、铂条和铂锭可以做交易或收藏。由于铂不易受侵蚀，且外表闪亮，所以也被用作首饰，通常用成色90%～95%合金。

（3）钯金。

化学元素符号：Pd。硬度：摩斯4～4.5。密度：12g/cm^3。熔点：1555℃。

钯（Palladium），是世界上稀有的贵金属之一，是铂族元素成员之一。钯金的纯度极高，外观与铂金相似，自然状态下呈银白色金属光泽而且永远不会褪色。钯金耐高温、耐腐蚀、耐磨损，具有延展性。在纯度、稀有度及耐久度上，都可与铂金互相替代，是制作首饰和镶嵌宝石的理想材质。钯金与铂金、黄金、银同为国际贵金属现货、期货的交易品种，历史上曾一度比铂金价格还高。常温下钯金不易氧化和失去光泽，温度在400℃左右时表面会产生氧化物，常温下在潮湿环境中稳定加热至800℃，钯金表面会形成一层氧化钯薄膜。钯金拥有与铂金一样自然天成的纯白色迷人光彩，色泽鲜艳。其外观也与铂金非常相似，但是跟铂金相比，钯金的价格要低一些。由于钯金存在一些独特的物理、化学特性，使其首饰的加工难度要比铂金大，对各个环节都有很高的要求。

国际上钯金首饰品的戳记是“Pd”（也可标志为PD）或“Palladium”字样，并以纯度千分数字代表成色，钯金饰品的规格标志有Pd990、Pd950、Pd900、Pd850。

①Pd990 要求钯的含量不得低于990‰，可标志为Pd990或钯990。

②Pd950 要求钯的含量不得低于950‰，可标志为Pd950（也可标志为PD950）或钯950。

③Pd900 要求钯的含量不低于900‰，可标志为Pd900或钯900。

④Pd850 要求钯的含量不得低于850‰，可标志为Pd850或钯850。

含钯量不低于750‰和500‰的钯主要用于镶嵌首饰。不允许将钯镶嵌的首饰称作“钯白金首饰”“钯铂金首饰”等模糊名称。另外标准还要求，贵金属首饰的质量要保留两位小数，单件质量在100g以内的饰品其质量正负偏差不得大于0.01g。

2. 纯银

化学元素符号：Ag。硬度：摩斯2.7。密度：10.5g/cm^3。熔点：960.5℃。

纯银，即为含量接近100%的金属银。银化学性质不活泼，但由于银与硫有特殊的亲和性，在空气中即能缓慢地生成硫化银而使其变黑，使银不纯。而且在自然界中银易与铂等金属混合，故生活中的“纯银”一般指含量99.99%的白银或者含量92.5%的925纯银。

为了提高银的硬度和获取最佳的成型效果，在做首饰时需要在银中加入7.5%的铜。这种含银92.5%、含铜7.5%的合金，国际上称为标准银，在英国也称为英镑银。此外，市场上还有银含量99%的足银饰品。

由于银本身的特性，使得100%的银质地很软，很容易被划伤，而且不适宜精细的工艺要求，以及现代流行饰品越来越丰富和夸张的造型要求。再加上100%银容易变色和失去光泽，因此，1851年，Tiffany（蒂芙尼）公司推出第一套含银92.5%的银器后，925银便迅速成为银饰的主力，并成为国际上鉴定银饰是否为纯银的标准。925银是国际上做银饰品的国际标准银，它与9.999银有所不同，因为9.999银的纯度比较高，非常柔软，难以做成复杂多样的饰品，而925银能做到。925银饰品其实并不是含银量100%，而是在纯银中加入7.5%铜，让银的光泽、亮度和硬度都有所改善，因此才有了我们今天多姿多彩的银饰品。

市场上的银除了纯银以外，还有藏银和泰银。藏银，按照历史定义是含银30%以上的一种合金，但是市场上的藏银，几乎不含银，只是白铜合金的工艺品。泰银一般是千足银，即999‰的银含量，也有些仿制泰国工艺把925银硫化成“古银效果”的也称作“泰银”，国内生产的泰银一般工艺比较简单，所以价格比925银镀白金要低一些。

3. 铜

化学元素符号：Cu。硬度：摩斯2.5。密度：8.96g/cm^3。熔点：1083℃。

铜是人类较早使用的金属之一。早在史前时代，人们就开始采掘露天铜矿，并用获取的铜制造武器、工具和其他器皿，铜的使用对早期人类文明的进步影响深远。铜是一种红色金属，同时也是一种绿色金属。说它是绿色金属，主要是因为它熔点较低，容易再熔化、再冶炼，因而回收利用价格相当便宜。

铜可用于制造多种合金，铜的重要合金有以下几种。

黄铜，是铜与锌的合金，因色黄而得名。

青铜，是铜与锡的合金，因色青而得名。

磷青铜，是铜与锡、磷的合金，坚硬，可制弹簧。

白铜，是铜与镍的合金，其色泽和银一样，银光闪闪，不易生锈。常用于制造硬币、电器、仪表和装饰品。

18K金或玫瑰金，6/24的铜与18/24的金的合金。红黄色，硬度大，可用来制作首饰、装饰品。

4. 铝

化学元素符号：Al。密度：2.7g/cm^3。熔点：660℃。

铝是一种银白色轻金属，有延展性。

铝是较容易着色的金属之一。制作铝质珠宝首饰大多使用的是阳极氧化处理工艺。将铝及铝合金置于适当的电解液（一般酸性电解液）中作为阳极进行通电处理，形成氧化膜，此类过程称为阳极氧化。经过阳极氧化处理的铝不仅耐磨，且抗蚀性极高，外观漂亮，广泛用于手机外壳、移动电源外壳等电子产品外壳处理工艺中。经过阳极氧化处理和电镀工艺后的铝，颜色斑斓，搭配上各色的宝石做成珠宝后美不胜收。如图3-1，伦敦设计师 Anabela Chan（安娜贝拉・陈）制作的Blooms（宝康士）系列铝质珠宝使用的材料就是以饮料罐回收提炼的铝金属为基材，并采用阳极氧化工艺着色。

5. 铁、钢

铁的化学元素符号：Fe。硬度：摩斯2.5。密度：19.32g/cm^3。熔点：1539℃。

铁在生活中分布较广，占地壳含量的4.75%，仅次于氧、硅、铝，位居地壳含量第四。纯铁是柔韧而延展性较好的银白色金属。

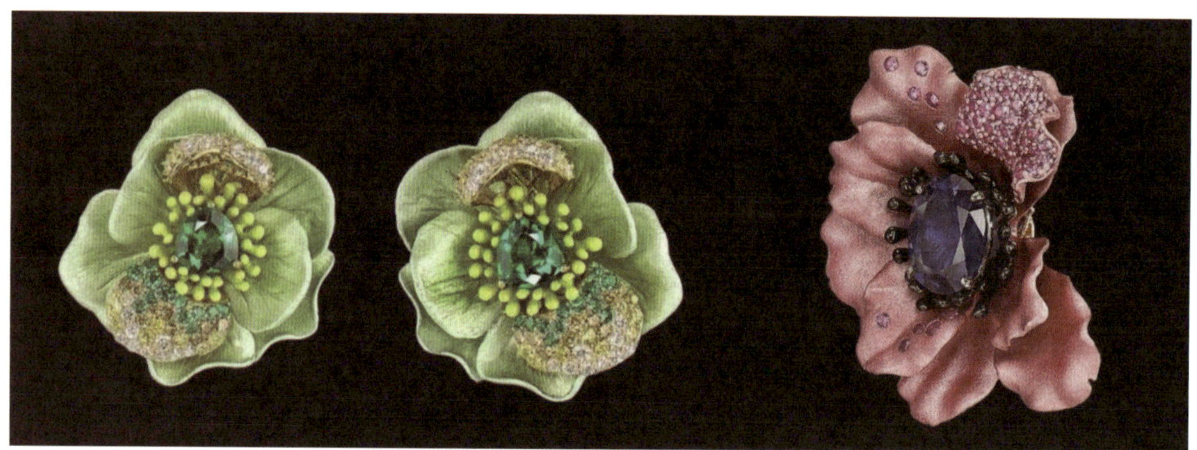
图3-1 Anabela Chan制作的Blooms（宝康士）系列阳极氧化工艺铝质珠宝

钢，是对含碳量质量百分比介于0.02%至2.11%之间的铁碳合金的统称。熔点：1063℃。

在现代首饰设计中也有使用铁与钢来制作首饰的，特别是在男性首饰设计中应用得更加广泛。由于不锈钢具有耐腐蚀性，因此许多人相比于银饰更喜欢佩戴不锈钢首饰。

（二）宝石类首饰材料

宝石材料是稀有和令人喜爱的首饰材料之一，当看到一颗美丽的宝石时，通常人们都会被它迷人的光泽和色彩吸引而爱不释手。“宝石材料”这个词可理解为用于饰品或装饰并具有特殊属性或价值因素的任何材料，最显著的价值因素是瑰丽、耐久性、稀有性和可接受性。有许多材料可视为宝石，如钻石体、刻面紫晶、大理石片、塑料仿煤精块、养殖珍珠或玻璃和石榴石的拼合石都可描述为宝石材料。如果一件未加工的材料被认为有加工成宝石或饰品的价值，那不论它现在是否瑰丽，都可称为“原石”。对大多数宝石原材料来说，其瑰丽只是在熟练的宝石工匠雕琢或切磨这些材料以最大限度地揭示其颜色和光学效应后才得以看到。宝石材料最多的用途是制作饰品。通常是把宝石切磨和抛光后镶在首饰上，戒指或胸针上镶的刻面钻石和蓝宝石就是突出的例子。

宝石按其成因可以分为无机宝石与有机宝石，而无机宝石通常分为无机天然宝石与人造宝石。

1. 无机宝石

无机宝石是无生命的矿石，无机宝石指的是自然界中色泽艳丽、透明、硬度大、耐腐蚀、经琢磨可以制成首饰和工艺品的单矿物晶体和岩石。世界公认的七大宝石有钻石、红宝石、蓝宝石、祖母绿、金绿宝石、翡翠、欧泊，除了这些贵重宝石之外，还有如石榴石、碧玺、海蓝宝、尖晶石、托帕石、橄榄石、水晶、长石类宝石、坦桑石、葡萄石、玛瑙、虎睛石（木变石）、星光石、黑曜石、孔雀石、绿松石、红纹石、紫龙晶、东陵玉、萤石、玉髓、捷克陨石、舒俱来石、锂辉石、方解石等无机的半宝石。

（1）钻石。

钻石的矿物学名称为金刚石，在珠宝行业通常把能够达到宝石级的金刚石称为钻石。钻石是所有宝石中硬度最大的，而且光泽强，加工后不易磨损，具有很强的色散和亮度，因而艳丽夺目，光彩照人，有着“宝石之王”的美称。钻石是最受欢迎的宝石，在市场上的销售量占所有珠宝销售量的80%以上。（如图3-2、图3-3）

图3-2　钻石原石与圆多面形切割钻石

图3-3　钻石形状

国际上通常采用GIA[①]提出的“4C标准（如图3-4）”——重量（克拉）、色泽、明澄度、切工标准来衡量钻石的优劣，就是Carat Weight、Color、Clarity、Cut这四个衡量项目的头一个英文字母。在色泽、明澄度、切工三项均优的情况下，单颗颗粒越大、重量越重的钻石越贵重。钻石的重量以克拉计算，1克拉=0.2克，1克拉=100分。色泽等级大致可分为从D～Z 5个等级。其中D、E、F为优等，无色（Color Less），以D为最优，E、F为次。后是G、H、I、J为次优等，接近无色（Near Color Less）。再后等级的从K～Z就是有色的了，K、L、M，稍微带有黄色（Faint Yellow）。N～Z为劣，轻微带有黄色（Very Light Yellow、Light Yellow）。明澄度大致可分为从F～I 5个等级，F、IF为优等级，近乎透明的极品，非常珍贵而且罕见，VVS1、VVS2为高等级品，其后是SI1、SI2，再后是I1、I2、I3。切工可分为6个等级，分别是Excellent、Very Good、Good、Medium、Fair、Poor。

一颗优质、璀璨的钻石，必须配以精良的镶嵌技术，才能相得益彰。事实上，良好的镶嵌法更有助于弥补钻石的缺憾，表现钻饰最璀璨动人的一面。最常见、流行的钻石镶嵌法有爪镶法和逼镶法（如图3-5）、包边镶法（如图3-6）、钉镶法（如图3-7）、藏镶法（又称埋镶法，如图3-8），以及较昂贵的隐形镶法（如图3-9）。

图3-4　4C标准

图3-5　主石爪镶法，配石逼镶法

图3-6　钻石包边镶法

图3-7　钻石钉镶法

图3-8　钻石藏镶法

图3-9　钻石隐形镶法

① GIA是非营利机构，经费由珠宝业界人士捐献，主要服务范围是珠宝鉴定及专业知识的教育与研究，深受全球珠宝业的认同。GIA是把钻石鉴定证书推广成为国际化的创始者。

（2）红宝石、蓝宝石。

如图3-10、图3-11，红宝石、蓝宝石属于刚玉矿物的宝石品种，它们是世界上公认的两大珍贵彩色宝石品种。红宝石的英文为“Ruby”，在《圣经》中红宝石是所有宝石中最珍贵的。红宝石炽热的红色使人们总把它和热情、爱情联系在一起，被誉为“爱情之石”，象征着热情似火，爱情的美好、永恒和坚贞。红宝石是七月的生辰石。蓝宝石的英文是“Sapphire”，古波斯人相信是蓝宝石反射的光彩使天空呈现蔚蓝色，它被看作忠诚和德高望重的象征。蓝宝石是九月的生辰石。

图3-10　主石为红宝石的戒指

图3-11　主石为蓝宝石的戒指

刚玉宝石的颜色十分丰富，它几乎包括了可见光光谱中的红、橙黄、绿、青、蓝、紫的所有颜色。刚玉属他色矿物，纯净时无色，当晶格中含有微量元素时可致色。不同的微量元素导致不同的颜色，其中Cr（铬）主要导致红色，而Fe（铁）、Ti（钛）的联合作用导致蓝色。红宝石、蓝宝石抛光表面具亮玻璃光泽至亚金刚光泽，透明至不透明。在传统宝石学分类中，中到深红色的刚玉宝石统称为红宝石，除去红宝石以外的其他所有颜色的刚玉宝石统称为蓝宝石。

（3）祖母绿。

祖母绿是绿柱石中最为重要和名贵的品种，被世人称为“绿色宝石之王”。它与钻石、红宝石、蓝宝石、猫眼被视为大自然赋予人类的“五大珍宝”。祖母绿青翠悦目，作为五月的生辰石，它的颜色代表着春天的到来。

按传统分类，Cr致色的翠绿色的绿柱石才能称为祖母绿，可略带黄色或蓝色色调，其颜色柔和而鲜亮，具丝绒质感。由其他元素如Fe^{2+}致色的浅绿色、浅黄绿色、暗绿色等绿色的绿柱石，均不能称为祖母绿，而只能叫绿色绿柱石。祖母绿的抛光表面为玻璃光泽，断口表面为玻璃光泽至树脂光泽，透明到半透明。

除常见的祖母绿（如图3-12）外，根据特殊光学效应和特殊现象的品种划分，可将祖母绿分为星光祖母绿（图3-13）、祖母绿猫眼（如图3-14）、达碧兹（图3-15）。

图3-12　祖母绿

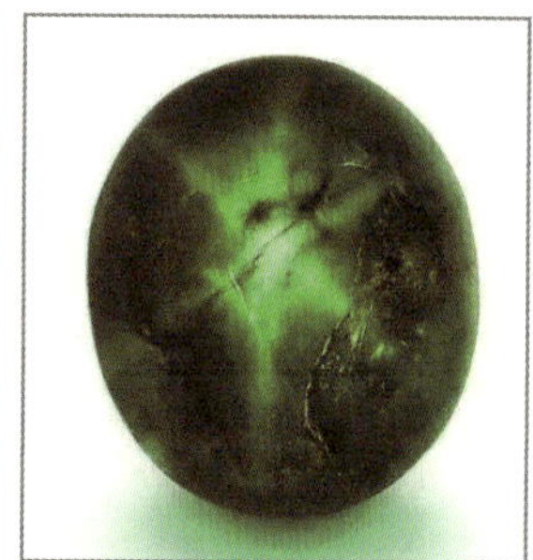

图3-13　星光祖母绿

图3-14　祖母绿猫眼

图3-15　达碧兹

（4）金绿宝石。

金绿宝石因其独特的黄绿色至金绿色外观而得名，以其特殊的光学效应而闻名。金绿宝石根据其特殊光学效应的有无可分为猫眼（如图3-16）、碧玺猫眼（如图3-17）、变石（如图3-18）、无任何特殊

图3-16　猫眼

图3-17　碧玺猫眼

图3-18　变石

光学效应的金绿宝石猫眼和星光金绿宝石猫眼（如图3-19）等品种。猫眼以其丝绢状的光泽、锐利的眼线而深受人们的喜爱。在亚洲，猫眼宝石常被当作好运气的象征，人们相信它会保护主人的健康，免受灾难。变石更被誉为“白昼里的祖母绿，黑夜里的红宝石”。在西方，金绿宝石是赫赫有名的五大宝石之一。

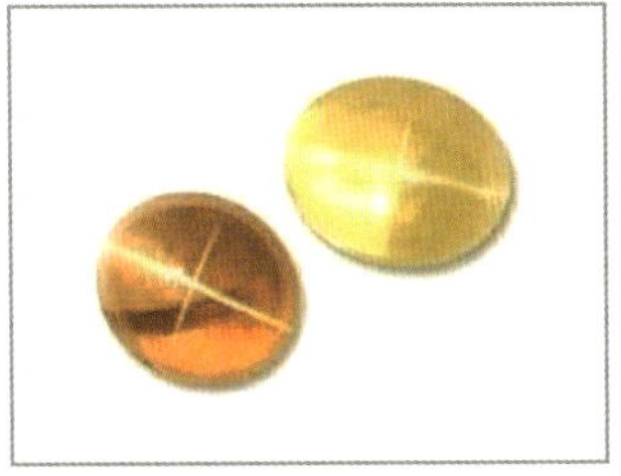

图3-19　左：无任何特殊光学效应的金绿宝石，右：星光金绿宝石

金绿宝石猫眼通常为浅至中等的黄色至黄绿色、灰绿色、褐色、黄褐色以及罕见的浅蓝色；猫眼主要为黄色至黄绿色、灰绿色、褐色、褐黄色；变石通常在日光下带有黄色、褐色、灰色或蓝色色调的绿色（例如黄绿色、褐绿色、灰绿色、蓝绿色），而在白炽灯光下则呈现橙色或褐红色至紫红色；变石猫眼呈现出蓝绿色和紫褐色。金绿宝石猫眼的光泽通常为玻璃光泽至亚金刚光泽，透明度通常为透明至不透明；猫眼的光泽多为玻璃光泽，呈亚透明至半透明；变石抛光面光泽为玻璃光泽至亚金刚光泽，断口呈现玻璃至油脂光泽，而透明度通常为透明。

（5）翡翠。

“翡翠”一词由来已久，汉朝许慎编著的中国最早的字典《说文解字》中就有了这个词：“翡，赤羽雀也；翠，青羽雀也”，它所表达的内容是一种鸟类。后来人们就用“翡翠”一词表述这种色彩艳丽的宝石。翠主要由硬玉、绿辉石和钠铬辉石组成，是多晶集合体，从传入到应用的时间虽短，但由于喜爱它的人们赋予其神奇的文化内涵，因此翡翠成为中华民族源远流长的玉器文化中不可或缺的一部分。

翡翠多种多样的颜色是其价值所在，常见的颜色有白色、无色，以及不同色调的绿色、红色、黄色、紫色、黑色、灰色等。（如图3-20）这些颜色按其呈色肌理可以分为原生色和次生色。原生色是翡翠形成过程中由致色离子所致，次生色为翡翠成岩之后外来有色物质浸染所致，如黄色、红色等。

图3-20　翡翠

翡翠的光泽为玻璃光泽至油脂光泽，半透明至不透明，极少为透明。在商业术语中，翡翠的透明度又称为“水头”。

（6）欧泊。

“欧泊”一词是由英文“Opal”音译而来。高质量的欧泊被誉为宝石的“调色板”，以其具有特殊的变彩效应而闻名于世。欧泊被定为十月的生辰石。

欧泊的体色可有白色、黑色、深灰色、蓝色、绿色、棕色、橙色、橙红色、红色等多种。玻璃光泽至树脂光泽，透明至不透明。欧泊有许多品种，归纳起来有四大类，即黑欧泊、白欧泊、火欧泊和晶质欧泊。黑欧泊：如图3-21体色为黑色或深蓝色、深灰色、深绿色、褐色，以黑色为最佳，因为黑色体色使变彩效应显得更加鲜艳夺目。白欧泊：如图3-22在白色或浅灰色体色上出现变彩的欧泊，透明至半透明。火欧泊：如图3-23无变彩或少量变彩的半透明至透明，一般呈橙色、橙红色、红色。晶质欧泊：如图3-24具有变彩效应的无色透明至半透明的欧泊。

图3-21　黑欧泊

图3-22　白欧泊

图3-23　火欧泊

图3-24　晶质欧泊（主石）

（7）常见半宝石。

石榴石：英文名称为“Garnet”，来自拉丁语“Granatum”，意思是“像种子”或“有许多种子”。这是因为石榴石晶体具有石榴籽的形状与颜色。数千年来，石榴石被认为是信仰、坚贞和淳朴的象征。作为宝石，石榴石常见的颜色：如图3-25红色系列，包括红色、粉红色、紫红色、橙红色等；黄色系列，包括黄色、橘黄色、蜜黄色、褐黄色等；绿色系列，包括翠绿色、橄榄绿色、黄绿色等。石榴石的光泽多为玻璃光泽。

图3-25　红色石榴石

碧玺：又称“碧硒”“碧洗”“碧霞玺”等，英文名称“Tourmaline”，来源于古僧迦罗语“Turmali”，是“混合宝石”之意。碧玺以颜色艳丽、色彩丰富、质地坚硬而获得世人的喜爱。如图3-26碧玺质纯者无色，但通常呈玫瑰红色或粉红色、红色、绿色、深绿色、浅蓝色、蓝色、深蓝色、蓝灰色、紫色、黄色、绿黄色、褐色、黄褐色、浅褐橙色、黑色等，颜色丰富多彩。同一晶体内外或不同部位可呈双色或多色。作为宝石用碧玺的颜色主要有三个系列：红色系列有红色、桃红色、紫红色、玫瑰红色、粉红色等，其颜色的产生主要是由Mn^{2+}所致；蓝色系列有蓝色、紫蓝色等；绿色系列有蓝绿色、黄绿色、绿色等；另外还有黄碧玺、紫碧玺、黑碧玺、无色碧玺等。碧玺一般呈玻璃光泽，透明至不透明。

图3-26　碧玺

海蓝宝：是绿柱石的一种，如图3-27，六方晶体，玻璃光泽，透明至半透明，颜色为天蓝色至海蓝色或带绿的蓝色，以明洁无瑕、艳蓝至淡蓝色者为最佳。

图3-27　海蓝宝

尖晶石：是一种历史悠久的宝石品种，但在古代它一直被误认为是红宝石。目前世界上最具有传奇色彩、最迷人的重361克拉的“铁木尔红宝石”（Timur Ruby）和1660年被镶在英帝国国王王冠上重约170克拉的“黑王子红宝石”（Black prince's Ruby），直到近代才鉴定出它们都是红色尖晶石。在我国清代，一品官员帽子上用的红宝石顶子，几乎全是用红色尖晶石制成的。在现代珠宝首饰设计中，也流行以品相佳的尖晶石替代昂贵的红宝石。如图3-28，尖晶石可有红色、橙红色、粉红色、紫红色、无色、黄色、橙黄色、褐色、蓝色、绿色、紫色等多种颜色，玻璃光泽至亚金刚光泽，透明至不透明。

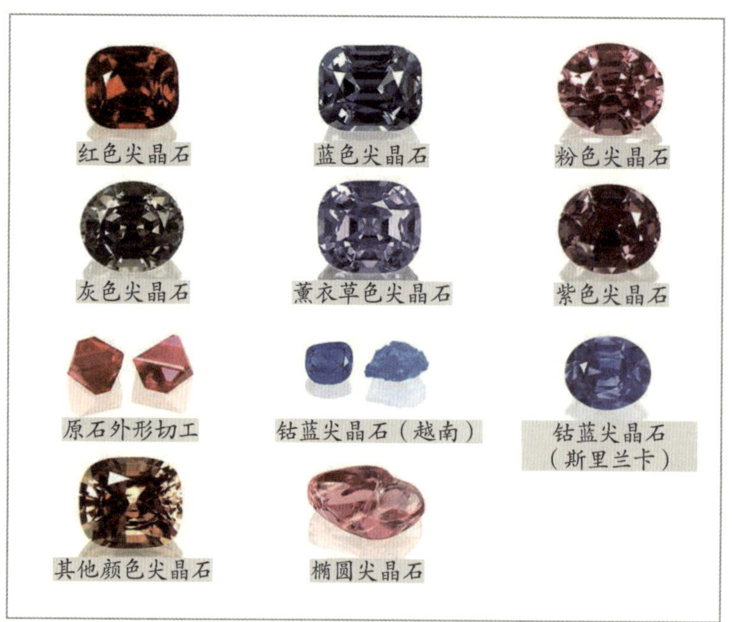

图3-28　尖晶石

托帕石：矿物名称黄玉，英文名称Topaz，源于红海扎巴贾德岛，该岛又称“托帕焦斯”，意为“难寻找”。托帕石因硬度大和颜色美丽，成为自古以来比较贵重的宝石，被当作十一月的生辰石，又是结婚十六周年的纪念宝石，象征着友情和幸福。由于消费者可能将黄玉与黄色玉石混淆，所以商业术语多用“托帕石”来标注宝石级的黄玉。托帕石是一种色彩炫丽又便宜的中档宝石，深受人们的喜爱。如图3-29。一般呈无色、黄棕色至褐黄色、浅蓝色至蓝色、粉红色至褐红色，极少数呈绿色色调。彩色的托帕石在长期的日光照射下会褪色。和电气石一样，在同一块托帕石上也可能出现两种颜色，如亮粉红色和橘黄色组成的“双色黄玉”。托帕石呈玻璃光泽，透明至半透明。

图3-29　托帕石

橄榄石：一种古老的宝石品种，古埃及人在公元前1000多年前就用它做饰物；古罗马人称它为“太阳的宝石”，相信它具有太阳一样的能量，并用作护身符以驱除邪恶，现在被用来作为夫妻幸福、家庭美满的象征。至今，橄榄石仍以其独有的草绿色和柔和的光泽在珠宝王国占有重要的一席之地。橄榄石是八月的生辰石。如图3-30，橄榄石的颜色有由浅入深的草绿色（略带黄的绿色，亦称作橄榄绿），部分偏黄色（绿黄色），少量的有褐绿色，甚至绿褐色。

图3-30　橄榄石

水晶：石英结晶体，是地壳中常见的造岩矿物之一，也是珠宝界应用数量和范围颇大的一类宝石。水晶的颜色有无色、紫色（如图3-31）、黄色（如图3-32）、粉红色，以及不同程度的褐色至黑色，或绿色。水晶呈玻璃光泽，断口可具油脂光泽，一般透明至半透明。无色水晶透明度很高，清澈如水，随着包体含量的增加或有色水晶的颜色加深，其透明度降低。

图3-31　紫水晶

图3-32　发晶

长石类宝石：长石的英文为“Feldspar”，长石族矿物品种繁多，凡色泽艳丽、透明度高、无裂纹、块度较大的均可用作宝石，重要的长石类宝石还有特殊的光学效应，如月光石（如图3-33）、日光石（如图3-34）和拉长石（如图3-35）等。通常呈无色至浅黄色、绿色、橙色、褐色等。长石一般呈透明至不透明，抛光面呈玻璃光泽，断口呈玻璃至珍珠光泽或油脂光泽。月光石又称“月长石”“月亮石”。在古代，世界上很多国家的人们认为佩戴月光石能给自己带来好运，并能唤醒心上人的温柔感

图3-33　月光石

图3-34　日光石

图3-35　拉长石

情，给人以力量，憧憬美好的未来。它与珍珠、变石一起被视为六月的生辰石，象征健康、富贵和长寿。日光石（Sunstone）又称“日长石”“太阳石”，是钠奥长石中最重要的品种，有时也称为“砂金效应长石”，随着宝石的转动，能反射出红色或金色的反光，即砂金效应。常见颜色为金红色至红褐色，一般呈半透明。拉长石最重要的宝石品种是晕彩拉长石，其特征是将它转动到某一定角度时，见整块亮起来，可显示蓝色、绿色以及橙色、黄色、金黄色、紫色和红色晕彩，即晕彩效应。

坦桑石：矿物名称黝帘石，也称坦桑蓝。如图3-36，坦桑石有蓝色、浅蓝色、暗蓝色、紫红色、绿色、绿黄色、紫色等，是新崛起的宝石品种，因颜色漂亮受到人们的喜爱。A级坦桑石的颜色，呈蓝色至靛紫色，而且具有多向色性；B级坦桑石呈深紫色，具有较少的颜色变化；C级坦桑石呈淡紫色，从不同角度看颜色有深浅不同。

图3-36　坦桑石

葡萄石：又称碧玉榴，属斜方晶系，如图3-37，透明至半透明，晶质常呈板状、片状、葡萄状、放射状或块状集合体，玻璃光泽，因包裹物的不同，而呈现出不同的颜色，以浅绿至黄绿色居多，部分呈浅黄灰色或白色。因石面上有一颗颗凸起的色块，状如葡萄而得名。

图3-37　葡萄石

玛瑙：是具条带状构造的隐晶质石英玉石。如图3-38，按颜色可分为白玛瑙、红玛瑙、绿玛瑙、黑玛瑙等品种。白玛瑙呈灰至灰白色，纯白色很少见。白玛瑙中的条带状构造是由于颜色或透明度的细微差异所致。白玛瑙除大块的、色较均匀者做雕刻晶外，绝大部分需要染色后才可使用。

图3-38 玛瑙

2. 有机宝石

珍珠：主要由无机物和部分有机物组成。无机物占总成分的91%以上，主要成分为碳酸钙。珍珠具有同心层状构造，大部分珍珠的颜色包括两部分，一部分为体色（或称背景色），另一部分为伴色（或称色彩），伴色是在体色的基础上呈现的，是从珍珠表面反射光中看到的，主要为玫瑰色、蓝色和绿色。如图3-39，珍珠的体色有白、粉红、淡黄、淡绿、淡蓝、褐、灰及黑等颜色，通常呈珍珠光泽。珍珠分为天然珍珠、养殖珍珠两大类。天然珍珠质地细腻，结构均匀，珍珠层厚，多呈凝重的半透明状，光泽强。养殖珍珠的珍珠层薄，透明度较好，光泽不如天然珍珠透明度好。天然珍珠的形状多不规则，直径较小，而养殖珍珠多为圆形，较大，表面常有凹坑，质地松散。珍珠按照其产地分为东方珠、南洋珠、日本珍珠、塔希提珍珠等。东方珠主要产于波斯湾，也称为波斯珠，多为白色、奶白色、淡绿色等。南洋珠又称南珠，指中国南海北部湾海域（广西的防城、钦州、合浦、北海等地）及广东、海南所产的珍珠。广西合浦是历史上有名的天然南洋珠产地，所产珍珠粒大、形圆、色白，属世界名贵品种。日本珍珠又称东珠，主要为海水养殖珍珠，大小中等，一般4毫米~7毫米，最大达9毫米，多数形态圆润，白色，带淡绿色调，有强烈珍珠光泽。塔希提珍珠又称大溪地珍珠，以黑珍珠闻名于世。塔希提珍珠的颜色不是纯黑，而是黑中带紫、带蓝、带绿色调，具有强烈的珍珠光泽。塔希提珍珠直径一般为8毫米~16毫米，其产量只占世界珍珠产量的1%，价格极高，是珍珠中最昂贵的品种。如果说圆润光泽的正形珍珠是名贵珠宝的首选，那么有趣怪异的巴洛克珍珠则很受首饰设计师的青睐。

图3-39 珍珠

珊瑚：英文为“Coral”，是重要的有机宝石之一，也是古今中外深受人们喜爱的宝石品种。古罗马人认为珊瑚具有祛除灾祸、给人智慧，以及止血和驱热的功能。如图3-40，珊瑚是天然的艺术品，分为钙质珊瑚和角质珊瑚两种，珊瑚的形态多呈树枝状，上面有纵条纹，每个单体珊瑚横断面有同心圆状和放射状条纹。颜色常呈白色，也有少量呈蓝色和黑色，宝石级珊瑚为红色、粉红色、橙红色。珊瑚的品种有红珊瑚（国外称“牛血珊瑚”“天使面珊瑚”）、黑珊瑚、蓝珊瑚、地中海珊瑚、日本珊瑚、喀麦隆珊瑚、中国海南珊瑚等。珊瑚分为六个等级，顶级：AKA（阿卡）红，俗称“牛血珊瑚”。次级：沙丁红，俗称“辣椒红珊瑚”。三等级：Momo（莫莫）红，颜色次于AKA红，属肉桃红色或橙红色。四等级：Angel Skin（天使脸）红，通常称作“孩儿面”等，又称为“深水红珊瑚”。五等级：粉白色，也为深水红珊瑚。六等级：纯白色，即普通珊瑚化石。天然珊瑚固然美丽，但也是环境保护的重要对象，特别是造礁石珊瑚，它可以为海洋生物提供休息娱乐的地方。《中华人民共和国海岛保护法》第十六条规定：禁止采挖、破坏珊瑚和珊瑚礁。

贝壳：以不同的尺寸、形状和颜色产出。一些较小的品种可不加修饰直接用在首饰上，许多有较高装饰价值的贝壳来自热带。用于浮雕的贝壳大海螺和盔贝具层状构造，最适合雕琢成浮雕。大海螺具粉红色和白色层。珠母（贝母）（如图3-41），指的是大的产珠双壳类如珍珠贝以及单壳类如鲍贝，珠母可加工成珠子和弧面宝石以及纽扣、鼻烟盒和烟柄。它们还可加工成浮雕和镶嵌到各种盒子及家具上。

图3-40　珊瑚

图3-41　珠母（贝母）

琥珀：是石化的天然植物树脂，碳、氢和氧的有机化合物的混合物。琥珀来源于几类不同的植物，历经1000万年到3亿年。如图3-42，琥珀一直以不同寻常的美、自然的形状、有趣而独特的内部结构被人们公认为最有价值、最时髦、最珍贵的宝石。琥珀是一种千百万年前针叶树木的树脂松香化石，有100多个品种，有的琥珀含有非常独特的内含物，有些琥珀品种是纯树脂，也有些琥珀含有某些植物体，看起来像金银丝线图案一样美丽，每一个图案都独一无二。还有些琥珀含有昆虫的标本，这些含有昆虫标本的琥珀被称为“虫珀”，是非常珍贵的品种。目前琥珀按颜色及特点可划分为以下几个品种：血珀，透明，色红如血者为琥珀的上品；金珀，透明，金黄色、亮黄色的琥珀属名贵品种之一；琥珀，透明，淡红色、黄红色；蜜蜡，半透明，金黄色、棕黄色、蛋黄色，有蜡状感；金绞蜜，当透明的金珀与半透明的蜜蜡互相缠绕在一起，形成的一种黄色的具缠绕状花纹的琥珀；香珀，具有香味的琥珀；虫珀，包含动物、植物标本的琥珀；石珀，有一定石化程度的琥珀，硬度比其他琥珀大。

玳瑁：一种凶猛的肉食性动物，是海龟的一种，玳瑁的甲，用于多种物品，如梳子、盒子和首饰，也与珠母和金属一道制成镶嵌品。如图3-43，玳瑁呈透明至半透明，其颜色变化从有斑点的褐色到无斑点的淡黄色（塑料仿制品的颜色也可呈斑块状或带状，但没有圆点）。玳瑁具可切性和热塑性（受热可折弯），故小片可热压到一起并模制成所希望的任何形状。玳瑁的薄片被黏结到彩色塑料底座上，用于首饰和木盒等其他物品。目前玳瑁被列入《世界自然保护联盟》，同时为国家二级保护动物，属于濒临灭绝的动物，所以法律上是禁止销售的。

图3-42　琥珀

图3-43　玳瑁

3. 人造宝石与合成宝石

人造宝石是指那些生产出来的而非天然形成的宝石材料，常见的有玻璃、人造宝石。人造宝石的形成也是人工过程，天然材料也能作为添料或作为晶核参与这些过程。人造宝石比开采天然宝石便宜和易于生产，还可大量生产以仿制较稀有和较贵重的宝石。广西梧州是世界上最大的人造宝石产地。如图3-44。

合成宝石是指那些与天然、无机矿物对应物有相同成分和结构的人造材料，合成宝石的人造宝石要称为合成的，必须能满足一个特定要求：它必须有天然对应物，所以必须存在相同成分和结构的矿物（即天然、无机、品质和固体的材料）。例如，从熔体中结晶和从溶液中结晶合成宝石，以及高压高温法合成钻石。近年流行的实验室培育钻石就是属于此类合成宝石。

图3-44　人造宝石

（三）金属与宝石类材料设计实训——超现实主义首饰设计①

1. 主题分析

本次超现实主义首饰设计是针对市场缺乏同类型的产品而设计的，以真实、情感、打破常规，赋予作品创新、现代、独特的精神和情感消费，呈现出超现实主义的核心理念。超现实主义首饰设计“半人类”主题系列是对五官、形体进行变形简化设计的，加以作者自己平日的怪诞想法，表达一种不为常规所束缚、轻松真实的情感。

2. 灵感来源

如图3-45，素材中呈现的形态各异的人的形象，都是怪异风格，运用一些特殊的变形和简化手法来体现人，他们的五官可以用任何图形来简化代表，也可以是抽象表现，但是都会有人的特征。本次设计从中获得的灵感是将人的五官进行变形抽象化，再用怪诞的手法进行设计，加上自己精神世界里半人类的形象进行变化。

3. 设计定位

造型定位为独特时尚、新颖、现代。根据人的常规形态特征进行变形，打破传统人的形象，将当下的流行趋势与自己的真实想法相结合。

色彩定位为银原色、白色、绿色。白色象征神圣、人的纯真，绿色象征生命力、真实、活力、自然。

风格定位为怪异、真实、趣味。设计半人类形象，用人的五官的拼接变形加入点、线结合，突出半人类的风格。

4. 草图探索

如图3-46，在前期造型探索中，运用了点、线和少量的面，人的五官的元素和人整体的形态进行变化组合，运用不同的表现手法把五官、乳房、手、脚等形态特征表现出来，把平时人的具象的形态变形、简化，既保留人的一部分特征，又呈现出怪诞、趣味的另一种形象。

图3-45 素材图

图3-46 前期造型探索

① 本案例来源于广州商学院艺术设计学院2014级吴仰玲。

如图3-47，在草图开始的时候，先把灵感转化成插画，再从插画展开设计。如图3-48，草图主要以人的五官的元素来进行变形设计，运用点、线结合来表达作者精神世界里的人类形象，表现勇于表达的精神。

图3-47　插画草图

图3-48　首饰草图

5. 材料分析与定位

主材料分析对比，如表3-1。

表3-1　主材料分析对比表

材料名称	材质表现	优点和缺点
银		优点：延展性好，可锻性和可塑性好，易于焊接和抛光 缺点：纯度过高的银柔软并且易氧化
木头		优点：天然性，易为人接受的良好触觉特性，质轻强度高，可加工性强，软硬适中，有天然花纹 缺点：有易腐朽和易虫蛀等天然缺陷，干缩湿胀

（续表）

材料名称	材质表现	优点和缺点
塑料		优点：具有较好的透明性和耐磨耗性，一般成型性、着色性好，加工成本低 缺点：容易老化，且有异味
纺织物		优点：创新肌理纹路 缺点：不能湿水，易脏
陶瓷		优点：观赏性强，可塑性强，独一无二 缺点：实用性并不与之匹配，价格比普通饰品稍高
亚克力		优点：色彩丰富，可黏合性强，重复使用性强 缺点：硬度低，易刮伤

辅材料分析对比，如表3-2。

表3-2　辅材料分析对比表

材料名称	材质表现	优点和缺点
珐琅		优点：具有宝石般的光泽和质感耐腐蚀、耐磨损、耐高温，防水防潮，坚硬固实，不老化不变质 缺点：制作工艺复杂，不易实现，且造价相对昂贵
锆石		优点：折射率高，光泽比较强，具有高双折射率、高色散和典型的光谱特征，稳定性好，色彩丰富，价格低廉 缺点：硬度不如钻石，极易脆，刻面棱边缘易被破坏，部分低型天然锆石含放射性元素
树脂		优点：防油、防潮、防水性能好，凝固后黏结起来强度高，硬度比较好，有一定韧性，凝固速度快，价格低廉 缺点：抗氧化性差，容易老化、变色、变质
珍珠		优点：形状奇特，种类多；由大量微小的文石晶体集合而成，象征着幸福、纯洁和富有 缺点：风格限制较大，容易受到腐蚀，容易磨损，价格区间跨度大

最终材料选定银与锆石。银的延展性、可塑性、锻造性好，易于焊接和抛光；锆石具有高折射率、高密度、高色散、强光泽的特性，绿色锆石更添加作品的神秘感。

6. 制作过程

第一步：一部分方案选择手工蜡模雕刻。（如图3-49、图3-50）

图3-49　作品方案——蜡模

图3-50　蜡模制作过程

第二步：一部分方案选择建模。（如图3-51）

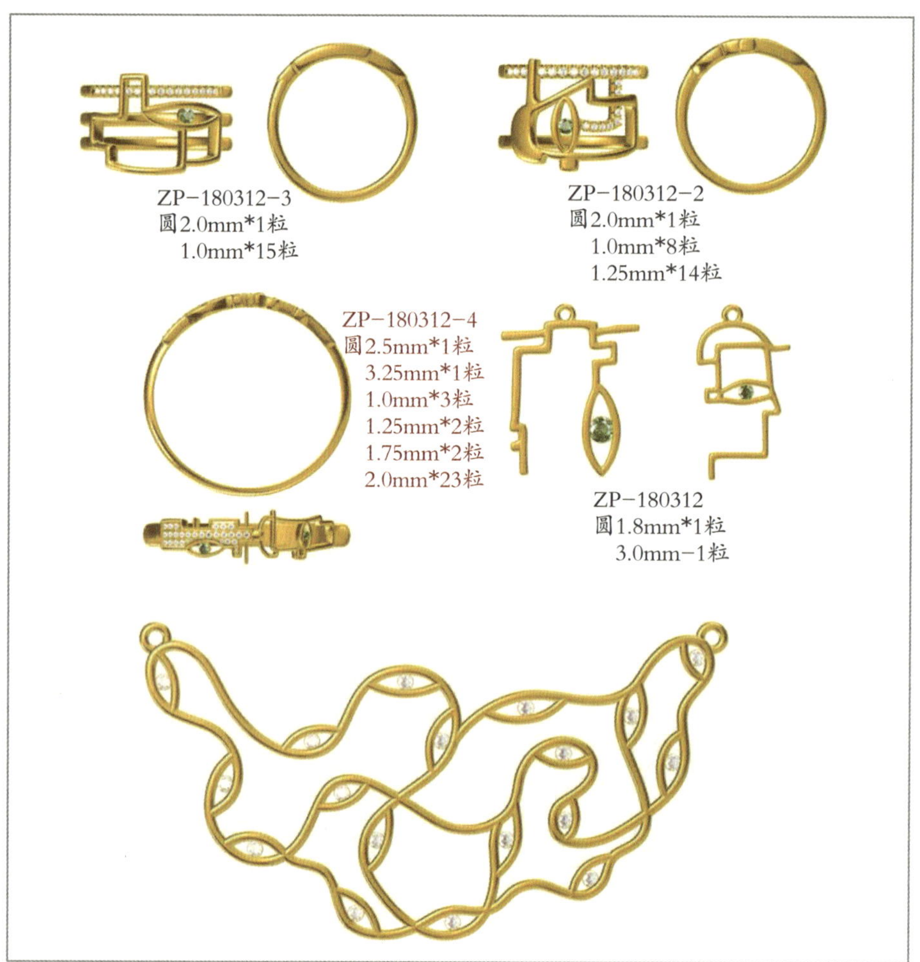

图3-51　作品方案——建模

第三步：执版。（如图3-52）

图3-52　执版

7. 成品展示（如图3-53）

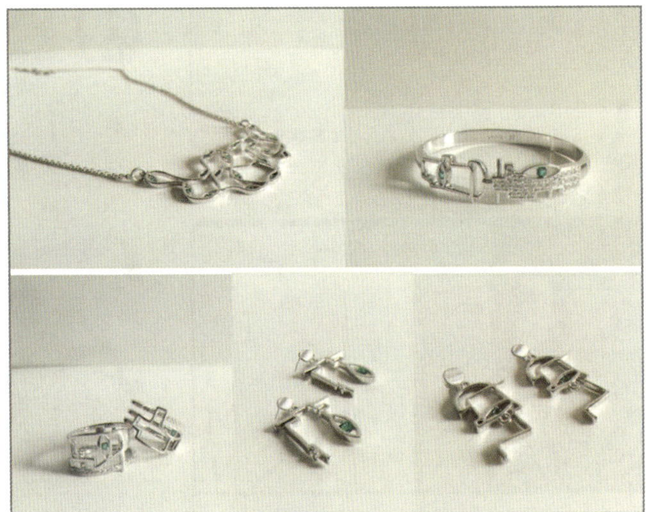

图3-53　成品图

8. 设计延伸

用半人类形象的插画进行产品延伸，设计出半人类的明信片（如图3-54）、手机壳（如图3-55）、小本子（如图3-56）、卡片（如图3-57）、贴纸（如图3-58）等。

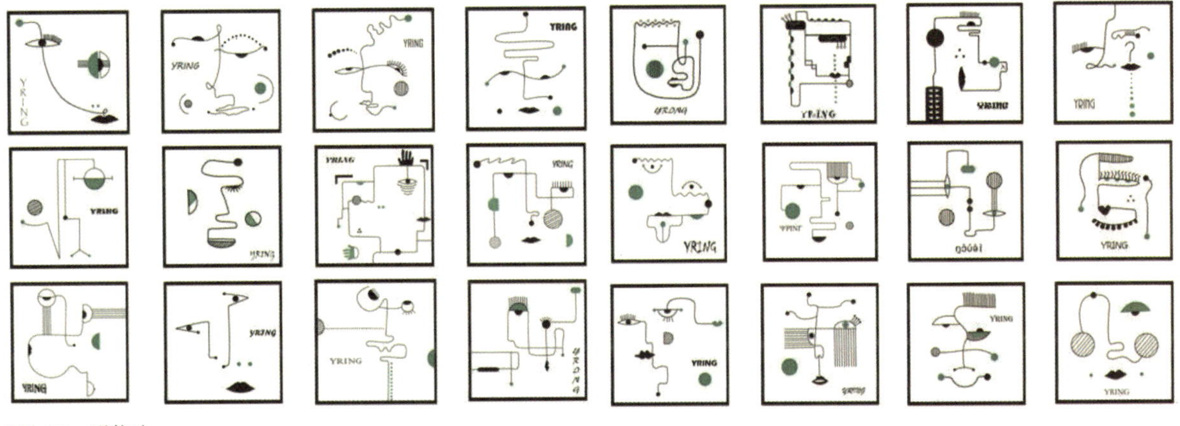

图3-54　明信片

图3-55　手机壳

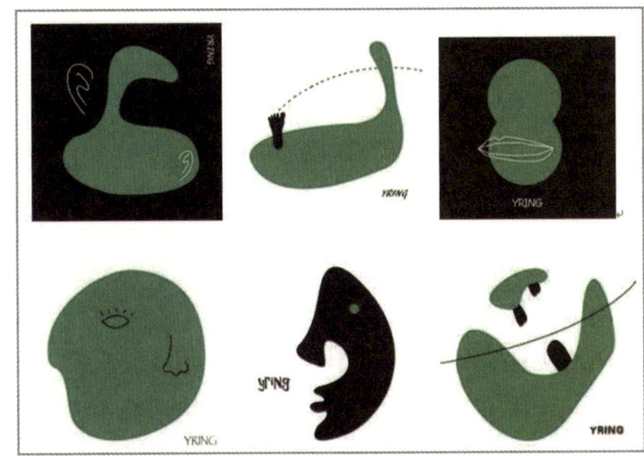

图3-56　小本子

图3-57 卡片

图3-58 贴纸

二、首饰制作新型材料及实训案例

目前，市场中的首饰主要是由钻石、珍珠、水晶、玉、玛瑙、金属等制作的，而金、银首饰较多。近年来，人们对首饰的认识有了变化，首饰材料已不重要，而品位、装饰搭配性、个性化才是促使人们购买的第一要素。因此越来越多的材料被运用到首饰设计当中。

（一）珐琅

1. 什么是珐琅

珐琅是一种复合型材质，是在金属的表面熔填的一种有色的玻璃质釉料。它的基本成分主要有长石、石英、硼砂和氟化物，在高温下会熔化成一种玻璃质釉层，通过添加一些金属氧化物，便可以产生不同的釉色，与玻璃、瓷釉属于同一类物质。珐琅器是加工以后的珐琅釉固定在某种材质胎器（一般是指铜胎、金胎、银胎以及陶瓷胎）的表面，经干燥、烧制等过程，所得到的复合型工艺品，具有宝石般的光泽和质感，耐腐蚀、耐磨损、耐高温、不老化、不变质，历经千年而不褪色、不失光亮。

2. 珐琅的分类

珐琅从工艺的角度主要可以分为掐丝珐琅、内填珐琅（即嵌胎珐琅）、画珐琅。其中掐丝珐琅和内填珐琅在我国出现时期较早，历史记载可追溯到宋元时期。

掐丝珐琅是在手工制作成型铜、银、金等器物上加入铜丝或者金丝形成的图线，经镀金、研磨、焙烧等过程最终形成的工艺品。

内填珐琅一般是采用金属将首饰的造型做好，然后在设计的凹槽处填上珐琅材料（或者在已制成的金属胎上按照图案设计要求在纹样轮廓线外的空白处进行雕錾减地，使得纹样轮廓线起伏，再在其凹下处点施珐琅釉料），经焙烧、磨光、镀金完成。

图3-59 清乾隆 珐琅彩瓷天球瓶

如图3-59，画珐琅是指直接使用珐琅颜料在器物表面绘制花纹，再经过烧制而成的一种装饰方法。先在器物表面涂上白色珐琅釉，入窑烧结后，使其表面光滑，然后以各种颜色的珐琅釉料绘制图案制作而成。瓷器上经常使用此种方法进行装饰。珐琅有半透明、透明、无色、有色几种常见形式。

3. 珐琅在首饰设计中的应用

珐琅材质是在地中海地区首次被开采出来，属于水晶族系矿物。珐琅工艺在欧洲风行之前，就曾在其他装饰物与珠宝的设计中运用过。最初只有珠宝与金饰品设计师才使用该材质进行制作，而后在15世纪被制表工匠所运用，自此以后，珐琅技术逐渐成熟。至今，珐琅材质在首饰设计中依然有着非常重要的地位，很多品牌都将珐琅材质应用在他们的首饰中。

珐琅彩绘最开始广泛应用在怀表及古董钟表中。伯爵（Piaget）对传统工艺的地位非常重视，因此在重新兴起珐琅工艺后就快速成为制表关键工艺之一，而且也成为制表厂中鲜有的技术。如图3-60，伯爵的纤薄系列代表作 *Altiplano* 中有两款珐琅腕表，其设计的图案是以“Panier”和“Basket-work”为主，通过精细的雕琢将珐琅腕表层次分明的感觉展现得毫无瑕疵，同时也将东方摩登与传统美学更好地结合在一起，形成一种新的风格。

最近几年，除了伯爵以外，很多品牌的钟表在腕表设计中都使用珐琅彩绘。例如，Hermes Arceau Pocket Voilier 珐琅怀表（图3-61），制表人首先将白金盘面切割成三角形状的大帆，利用金丝对弧线进行划分，切割成基本镂空形状。在利用珐琅进行上色后再进行烧制（烧制温度要控制在 800℃），通过烧制将其颜色逐渐体现出来，从而展现出其光泽与晶莹剔透，然后拿走拓片。为了使大帆的形态更加完美无缺，其周围景致和船体都是人工打造。表盖色彩分明，图案精美，透过珐琅彩射在船帆上，将其分明艳丽的色彩完全表现出来。

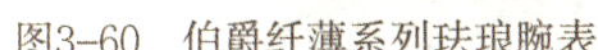
图3-60　伯爵纤薄系列珐琅腕表

图3-61　Hermes Arceau Pocket Voilier 珐琅怀表

4. 珐琅首饰如图3-62制作案例[①]

图3-62 《皎月合欢》（庄业峰）

第一步，制作首饰造型。此作品的造型制作采用的是失蜡铸造法。具体步骤如下：

（1）将设计好的图稿画出并贴在首饰蜡上（如图3-63）。

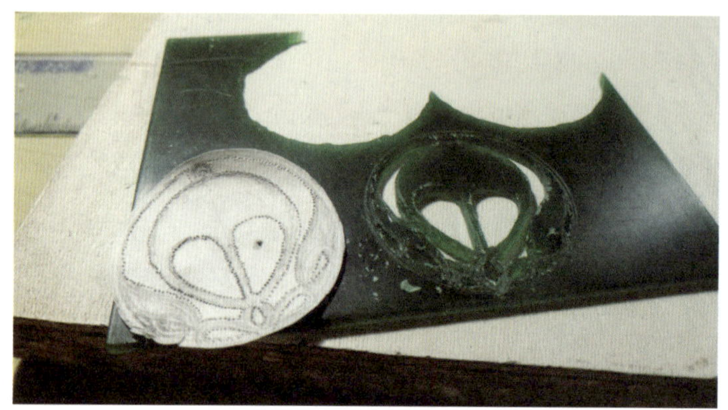

图3-63 放稿

（2）雕刻蜡模（如图3-64）。

图3-64 雕刻蜡模

① 本案例来源于广州商学院艺术设计学院2015级庄业峰。

（3）打磨蜡模。（如图3-65）

图3-65　蜡模成品

（4）铸造。（如图3-66）

（5）执版抛光。

如图3-67，执版指的是把铸造成品时所接的水口进行处理，并对变形的成品进行矫正。抛光是先用砂纸对成品表面进行打磨处理，打磨后可选择放入抛光机进行机械化抛光。

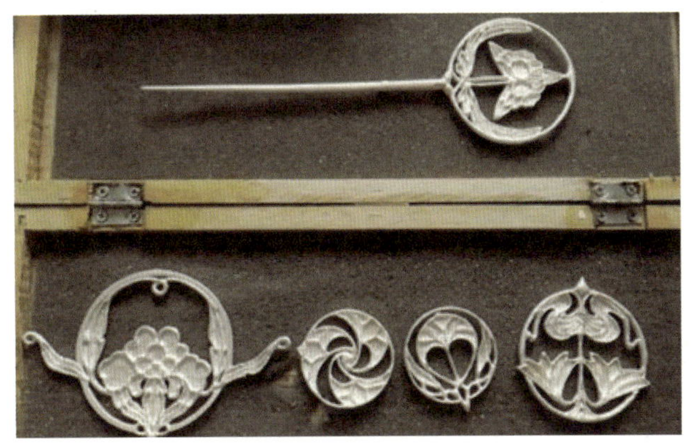

图3-66　铸造后的成品

图3-67　执版抛光后的成品

（6）拉丝底纹。（如图3-68）

拉丝底纹的作用：能更大程度地表现出珐琅的通透质感；可以合理地表现出设计元素的肌理，增添丰富感。

第二步，内填珐琅。步骤如下：

（1）将需要的珐琅加点水在云母器皿里打磨，作用是去除杂物，同时使珐琅粉末颗粒大小一致，防止烧制时因颗粒大小不一而导致温度的失衡，温度失衡会导致色彩混浊。

（2）如图3-69，用小勾线笔蘸取珐琅粉末填入设计好的位置，填好第一遍后用纸巾在金属边缘吸走珐琅粉末中的水分，提高烧制的成功率，同时也能使珐琅的表面相对平整。

（3）如图3-70，烧制前先打开珐琅烤炉预热，再平稳地将珐琅放入。因为珐琅颜色取决于珐琅的矿物材质，所以颜色不同烧制的温度也不同，由高温到低温逐层烧制，温度从800℃到600℃。

（4）第一遍烧制后取出，自然冷却，等在高温环境下的液态珐琅冷却为固态珐琅后，可以填充第二遍珐琅。

图3-68　拉丝底纹

图3-69　填充珐琅

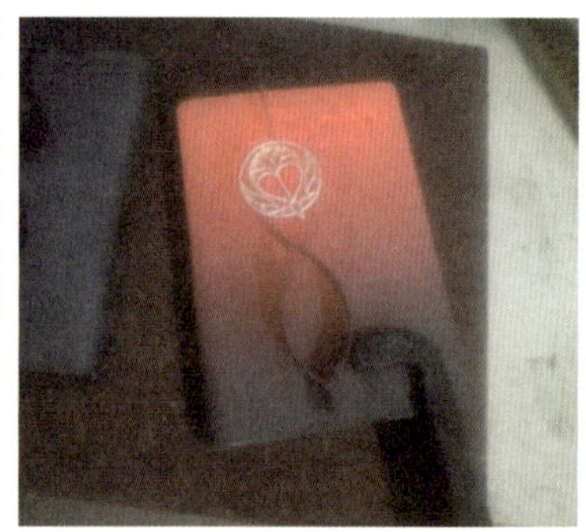
图3-70　烧制珐琅

（5）第二遍珐琅填充时要注意珐琅不可高于金属的水平面，否则烧制时会爆裂。

（6）如图3-71，取出冷却后可以选择是否执边，执边是打磨处理溅出或沾到金属上的珐琅。

（7）组装零件抛光。（如图3-72）

把设计好的零件拼接焊好，烧焊用的是80%银+20%的铜做的焊片。烧焊后打磨抛光，打磨越光滑，

图3-71　珐琅成品

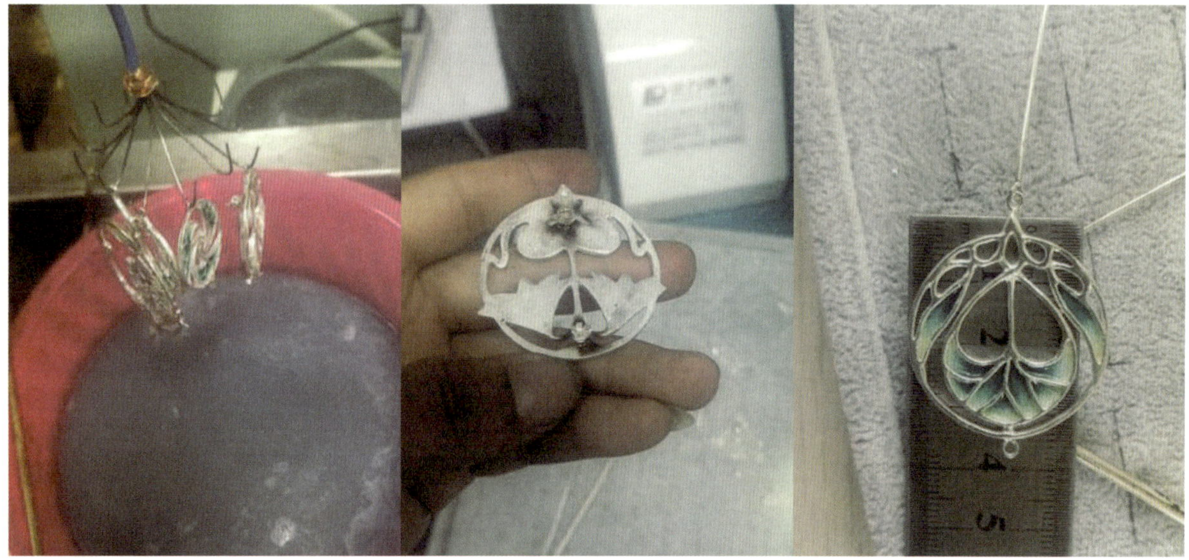
图3-72　组装零件抛光

后面的电镀会越亮丽。

（8）电镀。（如图3-73）

电镀是用电解原理在金属表面镀上一薄层其他金属或合金的过程。这是一个利用电解将一层金属膜附着在金属或其他材料表面的过程。

图3-73　电镀后珐琅成品

（二）陶瓷

1. 什么是陶瓷

陶瓷是陶器与瓷器的统称，是以黏土等天然硅酸盐为主要原料烧成的制品，同时也是我国的一种工艺美术品。远在新石器时代，我国已有风格粗犷、朴实的彩陶和黑陶。陶与瓷的质地不同，性质各异。陶是以黏性较高、可塑性较强的黏土为主要原料制成的，不透明、有细微气孔和微弱的吸水性，击之声浊。瓷是以黏土、长石和石英制成，半透明、不吸水、抗腐蚀、胎质坚硬紧密，叩之声脆。陶瓷具有优异的绝缘、耐腐蚀、耐高温、硬度高、密度低、耐辐射等诸多优点，已在各领域得到广泛应用。

2. 陶瓷的分类

中国陶瓷发展的历史是漫长的。从新石器时代早期烧造最原始的陶器开始，到发明瓷器并普遍应用，技术和艺术都在不断进步。经过长期的发展，陶瓷材料的应用范围越来越广泛。从陶瓷的烧制温度和精细度来分，一般分为陶器和瓷器。陶器是用陶土成型的一种坯体，结构较疏松，致密度较差，是有一定吸水率的低温烧制品。陶器的烧制温度较广，在600℃~1100℃，因为烧制温度较低，所以烧结的程度比较不足，气孔率较高，吸水率较高，化学稳定性和机械强度均不如瓷制品。瓷器专指那些用瓷土成型，高温烧结（1200℃~1400℃），制作相对精良的器物。瓷器胎体坚硬致密，叩之能发出清脆悦耳的声音，吸水率低。

3. 陶瓷在首饰设计中的应用

陶瓷首饰起源非常早，但是在首饰设计发展过程中并不突出。随着陶瓷材料的不断研发和人们审美观念的改变，近些年陶瓷首饰有了自己的一片天地，开始频繁地出现在消费者身边。陶瓷材料凭借着材料的可塑性高、制作过程中的偶然性强以及色彩的多样性等优势发展起来，因此陶瓷首饰近些年在市场上的地位逐步上升，需求量不断增大。

用陶瓷材料制作的首饰主要可以分为两类：一类是使用陶瓷一种材质制作的纯陶瓷首饰，另一类是陶瓷与其他材质相结合的陶瓷首饰。相对而言，单独使用陶瓷一种材质的陶瓷首饰非常少。这是由陶瓷材质的特性决定的。陶瓷需要经历高温烧制，这也是陶瓷材质有别于其他材质的一大特点，陶泥在经历高温的过程中会发生大量的物理变化和化学变化，在这些变化的过程中，陶瓷从外观上看除了釉色受窑温、气氛（还原气氛、氧化气氛）的影响有很大关系之外，最明显的就应该是陶瓷造型的收缩变形了。陶瓷的收缩是所有陶瓷制品在烧制之后必然产生的一个变化，而变形虽然可以根据经验和制作方法来不断减小，却不能完全避免。因此要按照精确的尺寸来制作陶瓷首饰，其工艺难度相对于其他材质无疑要困难很多。

陶瓷是一种坚硬易碎的材质，如果整体采用这种材质制作首饰，除了工艺难度较大之外，做好的成品在佩戴的过程当中也很容易损坏。例如项链、手链这类首饰如果用陶瓷进行制作非常容易断裂，佩戴过程中也会感到不适。如果加厚做成项圈、手镯则会造成佩戴过程摘取的不易，这些问题在进行陶瓷首饰设计的过程中大家都会考虑到，所以市场上现有的陶瓷首饰都有针对这些问题给出的解决方案。绝大多数的解决方案都是在凸显陶瓷材质缺陷的部位采用其他的材质来制作，陶瓷材质只使用于重点的观赏部位。如图3-74的陶瓷首饰采用了纯银金属材质与陶瓷材质的结合，陶瓷的青花装饰面经过银的包镶显得更加的精致。为了方便佩戴，在银质手镯的侧面设计了一个扣。银与陶瓷的结合非常完美地将两种材质的优点都凸显了出来，搭配到一起非常的和谐美观。图3-75中的陶瓷首饰是采用手工捏制的方法制作的一朵花，花的两端用陶瓷材质做出了两个环，利用这两个环搭配上绳子即完成了一条项链。因为绳编的方法非常多样化，采用陶瓷与绳子的编织工艺相结合能够制作出品种丰富的陶瓷首饰作品。

我们在商场首饰专柜里也能看到陶瓷首饰。例如，宝格丽的B. Zero1 Rock系列18K玫瑰金四环戒指（如图3-76），在戒指边缘镶嵌处使用了黑色陶瓷材质。香奈儿的ULTRA系列手镯使用了白色陶瓷（如图3-77）。这些高端品牌将陶瓷材质与贵金属和宝石设计在一起，将陶瓷材质提高到与珠宝一个级别。这是因为他们使用的陶瓷是特种陶瓷，这种陶瓷与普通陶瓷相比制作工艺难度和生产成本都大大提升。因此它可以作为一种高档材料运用到首饰设计中。

图3-74　陶瓷首饰

图3-75　陶瓷首饰

图3-76　宝格丽B. Zero1 Rock系列18K玫瑰金四环戒指

图3-77　香奈儿ULTRA系列手镯

陶瓷材料的首饰还具备一定的生态价值。如图3-78、图3-79，设计师们利用捡来的各个时期废弃的一些瓷片，选取画面比较完整的部分进行制作，切割出自己想要的形状，再与银搭配设计并做出最后的作品。此类古瓷片首饰不但解决了废弃瓷片浪费的问题，更是给消费者提供了一款新型首饰。

图3-78　古瓷片吊坠

图3-79　古瓷片手镯

4. 陶瓷首饰设计制作案例[①]

《跳动的旋律》（如图3-80）这件作品主要采用的是陶瓷和银两种材质。陶瓷作为装饰镶嵌在银里面。由于陶瓷材质在干燥以及烧制过程中会出现收缩、变形现象，所以需要先制作陶瓷的部分，再按照制作出的陶瓷成品尺寸来制作银的部分。主要制作步骤如下：

第一步，制作陶瓷配件。（如图3-81）①揉泥。揉泥是为了让泥里外干湿度均匀。在揉泥的过程中要把泥里面的气泡挤出来，防止在烧的过程中出现开裂。揉好的泥要放在干净的布上。②压泥片。擀压泥片时要保持平整，要求厚薄均匀一致。③将泥片晾至半干状态，即泥片的颜色不变，切割的时候泥成片状。在晾干的过程中要时常翻看，注意保持泥片的平整，如有变形或翘起来的要及时压回去，泥片干燥过度一方面会导致泥板变形无法压平，另一方面不利于后期的切割。④切割泥片。在半干的时候进行泥片切割、打磨。切割过程中要注意割出来部分要比设计的尺寸大2毫米～3毫米，防止打磨与烧制的过程中泥片收缩。⑤打磨泥片。打磨过程中可用磨砂纸与切割工具进行打磨，打磨平整后可用海绵球擦拭干净表面的灰。⑥喷釉。喷釉前先用喷壶或者海绵球将泥片补水，喷釉过程中要注意釉要均匀地附着在泥片表面。为了防止在烧制的过程中出现釉料黏板，要把陶瓷底部的釉用布或者海绵球擦拭干净。⑦入窑烧制。经过1200℃的高温烧制之后得到一批陶瓷配件。⑧挑选合适的陶瓷配件。因为陶瓷烧制后会出现变形、缩釉、釉面不均匀等现象，所以在烧制完成的所有配件中，挑选出最好的、没有瑕疵的进入首饰的制作中。

图3-80　《跳动的旋律》（杨丽霞）

① 本案例来源于广州商学院艺术设计学院2016级杨丽霞。

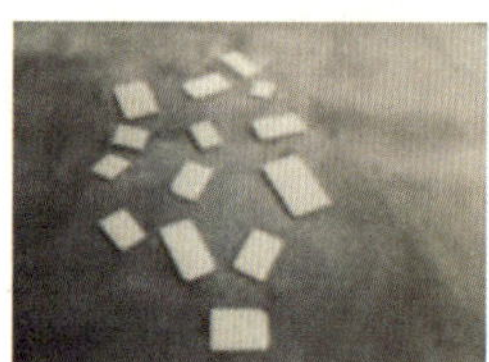

图3-81　陶瓷制作过程

第二步，制作银部分。（如图3-82）首先雕刻蜡模，完成蜡模之后铸造出银，然后执版抛光，在完成银的部分之后采用胶水黏结的方式将陶瓷与银结合，最后得出成品。（如图3-83）

图3-82　银的制作

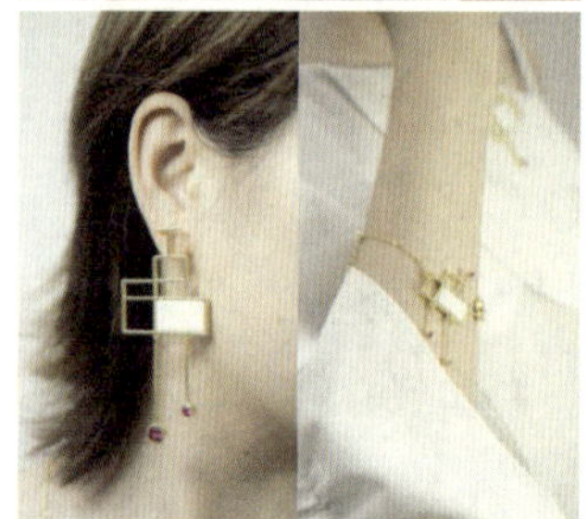

图3-83　成品展示

（三）塑料

1. 什么是塑料

塑料是以树脂为主要成分，以增塑剂、填充剂、润滑剂、着色剂等添加剂为辅助成分，在加工过程中能流动成型的材料。大多数塑料质轻，化学稳定性好，不会锈蚀；具有较好的透明性和耐磨性；一般成型性、着色性好，加工成本低。缺点是容易老化而且有异味。

2. 塑料的分类

塑料的种类很多，从用途的角度来划分可以分为：通用塑料、特种塑料和工程塑料。通用塑料一般指产量大、用途广、成型性好、价格低廉的塑料。特种塑料一般是指具有特种功能，可用于航空、航天等特殊应用领域的塑料。工程塑料一般指能承受一定的外力作用，并有良好的机械性能和尺寸稳定性，在高温或低温下仍能保持其优良性能，可以作为工程结构件的塑料。塑料还可以根据它们受热后的性能分为热塑性塑料和热固性塑料。热塑性塑料是指加热后会熔化，可流动至模具冷却后成型，再加热后又会熔化的塑料。热固性塑料是指在受热或其他条件下能固化成不熔、不溶性物质的塑料 ，其分子结构最终为体型结构（变化过程不可逆）。它们具有耐热性高、受热不易变形等优点。

3. 塑料在首饰设计中的应用

塑料的品种多样，在首饰设计中不同种类的塑料制作的首饰风格大不相同。在市场上，塑料首饰越来越多见，因为它制作成本相对较低，而且塑料的成型加工工艺较多，包括压塑、吹塑、注塑、挤塑等。这可以满足设计师对首饰造型多样性的需求。

市场上最为常见的塑料首饰的材质是亚克力、树脂、热缩片等。

亚克力，又叫PMMA或有机玻璃，是一种开发较早的重要可塑性高分子材料，具有较好的透明性、化学稳定性和耐候性，易染色、加工，外观优美。在商业首饰中，以亚克力为主要材质的饰品，大多是以耳环的形式进行销售，风格比较夸张、个性，色彩丰富。（如图3-84）

合成树脂是指由简单有机物经化学合成或某些天然产物经化学反应而得到的树脂产物，如酚醛树脂、聚氯乙烯树脂等，其中合成树脂是塑料的主要成分。由于树脂加热后能软化，方便塑形，是制作首饰的理想材料。不同于黄金、白银等传统贵金属材料，树脂是一种易于加工且色彩丰富的创新型材料。在商业塑料首饰中，以树脂为主要材质的饰品，多以手工制作，与木头、干花等材料相结合，其风格较文艺、清新，价格30～80元，市场类别占比也多以耳饰为主。（如图3-85）

图3-84　亚克力饰品

图3-85　树脂饰品

热缩片是一种塑料薄板，具有受热收缩的特性。热缩片有多种，常用的是打磨一面的热缩片，打磨过后的可以勾勒出线条纹理及上色等，热缩后可呈现磨砂质感。未打磨的一面热缩后光亮，有透明感，可以用来制作各种挂饰、胸针等首饰。（如图3-86）

图3-86　热缩片饰品

除了市场上常见的商业性首饰以外，塑料也常常出现在一些首饰设计师的作品中。如图3-87，韩国当代珠宝设计师Seulgi Kwon深受现代主义影响，以微观生物的表现形式为灵感来源，使用可以改变质感和具有透明度合成的硅胶作为主材料，以织物、颜料、线和纸为辅设计出一系列的当代首饰，从而传达出她对大自然的热爱。当代首饰艺术家Fabiana Gadano，她的《城市》系列主题珠宝（如图3-88），通过大城市广泛产生的一种塑料废物——一次性瓶子，描绘城市景观。用重建和组装的方式，重复使用PET（聚对苯二甲酸乙二醇酯）和一次性塑料瓶，在材料中创造新的机会。当这些被浪费的材料应用于首饰时，其命运被改变，并被赋予新的意义和持久性。

图3-87　The breath of winter（Seulgi Kwon）

图3-88　《城市》系列（Fabiana Gadano）

4. 塑料（PVC）首饰制作案例①（如图3-89）

图3-89　《云想霓裳》（邝荣芬）

制作过程：

（1）准备材料。（如表3-3）量尺寸，如图3-90使用剪钳裁剪铜丝，将裁剪的铜丝口打磨抛光。

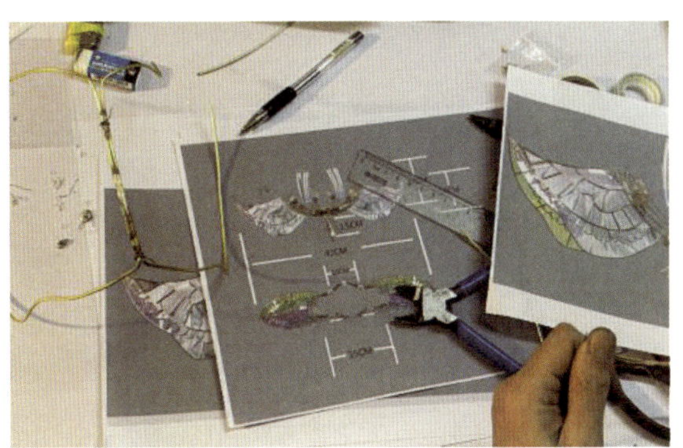

图3-90　裁剪铜丝

表3-3　材料准备

材料名称	特性	适用范围	材料图
激光PVC	柔软，可弯曲，耐性好；自带香气，美观，装饰性很强	用于首饰制作的材料、产品表面粘贴装饰	
黄铜	硬度较大，熔点高，塑性强，稳定性较差	适合做大件的概念首饰，尤其是利用铸造工艺，较为耗费材料的产品	

① 本案例来源于广州商学院艺术设计学院2016级邝荣芬。

（2）将剪好的铜丝对照建模图弯曲，用细铜丝绑定线框，再手工焊接线框。（如图3-91）

图3-91　焊接线框

（3）整个框架裁剪好后，开始激光点焊。（如图3-92）激光点焊的优点：精准，焊点面积小，定型快。缺点：适合焊接面积小的部分，大面积焊接容易造成焊接不牢固。

（4）火枪焊接。（如图3-93）激光点焊完以后，进行火枪焊接，再次加固焊接部位，使其牢固稳妥。

（5）抛光。（如图3-94）焊接的地方由于多次加固，60%以上的焊点会出现凸起，需要抛光去除表面的凸点。抛光时需要控制力度，既要抛去多余的点，也要保证焊点的牢固。

图3-92　激光点焊

图3-93　火枪焊接

图3-94　抛光

（6）两边肩膀的框架完成后，需要重复佩戴，调整细节。

（7）使用AB胶黏结PVC与金属框架。（如图3-95）

（8）成品完成。（如图3-96）

图3-95　黏结

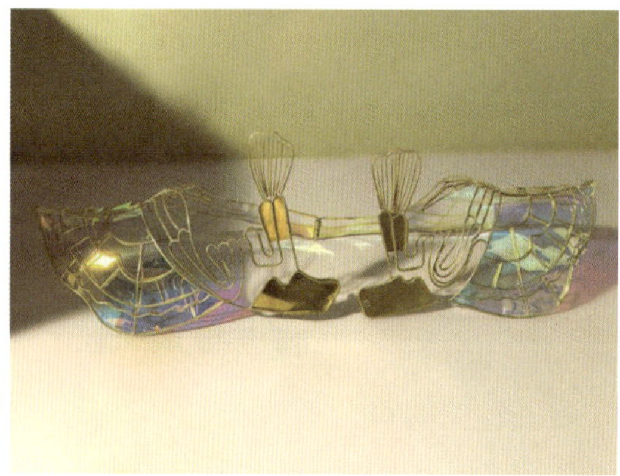
图3-96　成品

（四）其他材料首饰设计

1. 树脂黏土

树脂黏土又称为面包土（Wheat Clay）、面包花泥、面粉黏土、麦粉黏土等。源于日本的工艺配方和制作工艺上的改良，由于其做成的东西干燥后，有瓷一样的冷白，所以也被叫作冷瓷土。现在的树脂黏土是一种带有黏性及柔性的物质，可以塑造出任何形象。由于它可塑性高，富柔软性，且制成品仿真度高，质感强烈，而且用法简单，只需取出适当分量，加入油画颜料来调校色彩，然后塑造出心目中的形象，自然风干就成了，因此非常适合用来做一些纯手工制作的小饰品。例如图3-97是学生用树脂黏土制作的多肉首饰。

图3-97　树脂黏土作品

2. 玻璃

玻璃是非晶无机非金属材料，一般是用多种无机矿物（如石英砂、硼砂、硼酸、重晶石、碳酸钡、石灰石、长石、纯碱等）为主要原料，另外加入少量辅助原料制成的。它的主要成分为二氧化硅和其他氧化物。玻璃晶莹透亮，坚固，同时还具有折光反射的特点。

最原始的玻璃是由沙、石灰及天然的碳酸苏打的混合物加热制成，并不透明，之后又逐渐发展为白色、黄色等鲜艳明亮的色彩。将玻璃运用到首饰设计中已有很长的历史，在古埃及，玻璃首饰就已经制作得非常精美了，发展到今天，现代玻璃艺术已经呈现出绚丽多彩的世界。因此玻璃在首饰中的应用也越来越广泛，它的缺点是制作过程中不易控制。日本一对夫妻创立的珠宝品牌Bubun，就是专注于研究玻璃首饰的，他们制作的首饰纯粹透亮，特点鲜明。（如图3-98）

3. 混凝土

混凝土又称为水泥，是粉状水硬性无机胶凝材料加水搅拌后成浆体，能在空气中硬化或者在水中更好地硬化，并能把沙、石等材料牢固地黏结在一起。早期石灰与火山灰的混合物与现代的石灰火山灰水泥很相似，用它黏结碎石制成的混凝土，硬化后不但强度较高，而且还能抵抗淡水或盐水的侵蚀。首饰设计中也有混凝土的应用。（如图3-99）

4. 羽毛

用羽毛做首饰在我国历史上就有著名的点翠工艺。这是一种古代工匠运用翠鸟羽毛镶嵌在底座上，把金属工艺与羽毛粘贴的工艺结合变成工艺品的技术。这种工艺在首饰制作中独树一帜，做出来的首饰在阳光下会有波光粼粼的质感，非常美丽。但是因为翠鸟数量越来越少，后来逐渐被保护起来，点翠也

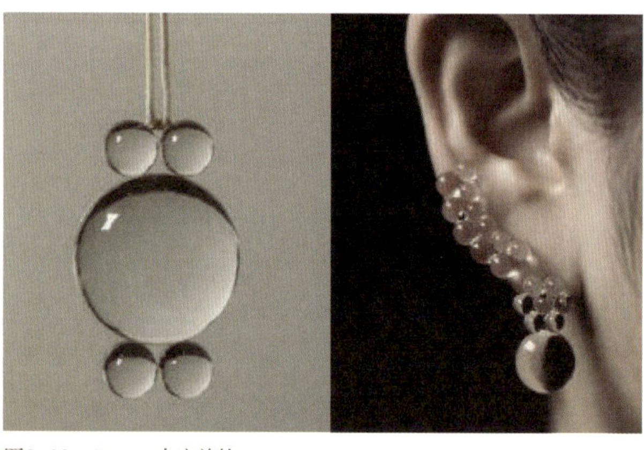

图3-98 Bubun玻璃首饰

图3-99 混凝土首饰

就越来越少见了，但是它的制作工艺在现代被逐渐地改善并传承，现已可用多种材料，如其他鸟类羽毛、染色鹅毛、人造纤维等替代翠鸟羽制作羽毛镶嵌首饰。现代首饰界也有不少将羽毛应用到首饰中。例如图3-100、图3-101，伯爵（Piaget）项链羽毛的装饰是整个设计中最亮眼的一笔，曾将孔雀羽毛与白腹锦鸡羽毛运用于高级珠宝手镯；国内羽毛镶嵌师王圣临的《子夜》胸针（如图3-102）与《海上日落》胸针吊坠（如图3-103），镶嵌孔雀羽毛、观赏蓝色虎皮鹦鹉脱落羽毛、染色鸽毛和养殖雉鸡羽毛，用不同颜色的羽毛来渲染夕阳余晖洒满海面的景象。他们使用深浅不一的羽毛去点缀首饰，都呈现了轻灵羽毛的最华丽瞬间。

图3-100 伯爵（Piaget）高端珠宝项链

图3-101 伯爵（Piaget）高端珠宝手镯

图3-102 《子夜》胸针（王圣临）

图3-103 《海上日落》胸针吊坠（王圣临）

第二节 珠宝首饰设计工艺实训

一、基础型实训

基础型实训是以首饰工艺中某一项单独工艺为实验对象，目的是让初学者掌握首饰制作中基础工艺的操作要领，学习正确运用相关工具、设备的方法，注意操作过程的安全事项，并能运用所学方法制作一些工艺单一的基础首饰制品，为今后进一步综合运用首饰制作工艺打下坚实的基础。

（一）金属拔丝工艺

金属拔丝工艺又叫拉丝工艺（如图3-104），其目的是把金属材料加工成线材或丝材，通过拔丝板

（拉线板）的锥形细孔，将金属挤压而入，再从下面小孔将其抽出。较粗的丝也可以直接捶打而成。线材的横截面以圆截面应用最为广泛，也有扁方形以及异形等非圆形截面。在首饰行业中，大量使用金属线材，如制作各种项链、手链等。所以金属拔丝工艺是首饰工艺中最基础的制作工艺。

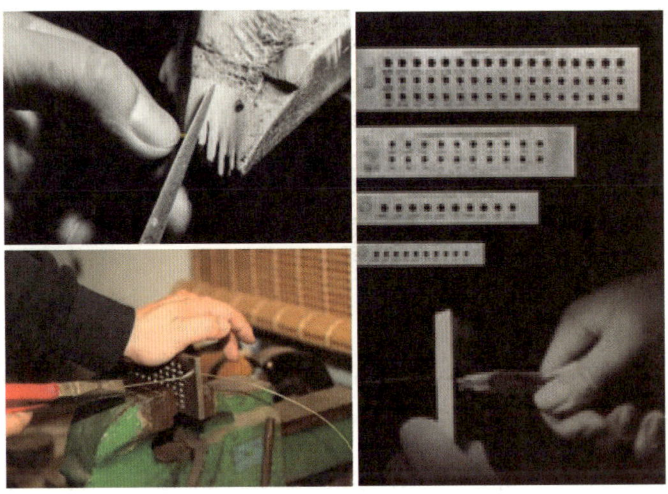
图3-104　金属拔丝工艺

金属拔丝工艺所需的主要设备包括工作台、拉线板、拉线器、老虎钳、金工锉等。操作要领：①将工作台清理干净，取出一根较细的银条，用锉刀将银条一端锉细。取出拔丝板，拔丝板主要的用途是用来拔银丝的。②将银条打磨过的一头放入拔丝板下端。在拔丝板的上端用钳子夹住银条，用力拉出。在此阶段注意保持送料速度，拔丝板上圆孔的直径是依次递减的，拔出的丝，细而匀称，想要拔出所需要的细银丝，需要在直径不同的孔上反复拔丝。③丝由粗到细从各个孔里拔出，逐渐变细。拔得越细越长，需要的时间就越长。

（二）金属焊接基础

焊接是指用焊药（一种合金）把多件金属牢固地连接在一起的工艺。焊药的熔点应低于要连接的金属件的熔点，焊接时辅以焊剂，焊药就会熔化而流进金属之间的缝隙。焊药凝固后，金属件就被牢牢地焊接在一起。

金属焊接所需要的主要设备包括风球套装、焊瓦、八字夹、镊子、锉刀套件、1200#砂纸、焊药（银焊）、明矾等。操作要领：①焊片焊接法。这是一种最常用的焊接方法。沿焊药片或焊药条的边缘剪下一条焊药，然后把这条焊药剪成小段。这些小焊药片使用起来十分方便，可在加热金属前放置于焊接口，也可以一边加热金属，一边放置焊药片。②熔焊法。此种方法尤其适合于焊点被覆盖的、中空的金属件。焊接时，先把焊药熔化在一块待焊金属的表面，然后把另一块待焊的金属放置于其上，对其加热，当达到焊药的熔点时，先前熔化且凝结的焊药会再次熔化，从而促成两块金属焊接在一起。此法由于焊点隐藏于金属件内部，表面看不到焊点，故而完成焊接后的金属件的表面十分干净。③蘸焊法。有时，焊点太小，以至于焊药片无法平稳放置，此时，蘸焊法尤为适用。蘸焊法是先把焊药剪成小片，再用蘸过硼砂焊剂的焊接辅助针的针头粘贴焊药小片，或者先用火枪将焊药小片烧成小球，再用焊接辅助针针头粘贴焊药小片，然后给金属件加热，当焊接口接近焊接温度点时，把粘贴在焊接辅助针针头的焊药小片接触焊缝，焊药旋即熔化，流进焊缝，完成焊接。④焊条焊接法。体积较大的金属件的焊缝一般较长，比如剔线对折的金属件。此时，焊药的使用量相对较多，焊条焊接法便派上了用场。用反向镊子夹紧焊条，给焊缝涂抹焊剂，用火枪加热，当金属达到焊接温度点时，用焊条直接触碰焊缝，焊药条旋即熔化，立刻用焰炬灼烧焊缝的另一端，引导焊药溶液流向焊缝的另一端。⑤糊焊法。这种焊接法适用于焊接纤细的、不易触及的焊点。先把焊药粉与焊剂混合，搅拌成糊状，用注射器把混合物推挤到焊点，使之覆盖焊点，然后加热焊接。这种焊接法不可单独使用，一般作为其他焊接法的补充手段加以运用。

（三）金属打孔工艺

金属打孔工艺的目的是更好地进行镂空锯以及项链放置等。金属打孔工艺是通过吊机完成，在吊机上安装各种尺寸大小的针，并在产品表面直接进行此项工艺。金属打孔工艺是制作镂空产品过程中必不可少的一道工序。

金属打孔工艺所需要的主要设备包括吊机、麻花钻、牙针等。操作要领：①金属打孔方法有台钻、吊钻、手钻以及孔洞拓宽法。②钻孔时必须佩戴护目镜。为了保护工作台，钻孔时应在金属片的下方垫一块木头。③用吊钻或手钻来钻孔时，一定要确保钻头与金属片呈90°角。④想要钻一个大口径的孔，应先钻一个小孔，再换用更大的钻头来逐步扩大这个小孔。⑤钻孔之后，金属片的背面通常会有碎屑，记得把这些碎屑清理干净。孔洞的口沿一般比较锋利，可用球针或桃针对口沿进行打磨。⑥给钻头涂抹蜜蜡或润滑剂，不但能够延长钻头的使用寿命，还能防止钻孔时钻头过热、被卡住以及钻头断裂。

（四）金属镂空锯

镂空是一种雕刻技术。外面看起来是完整的图案，但里面是空的或者里面又镶嵌小的镂空物件。金属的镂空锯是对金属片先打孔，再使用线锯、剪刀、剪钳等进行切割，形成镂空的花纹，可用于戒指、吊坠、耳坠、胸针等的制作。

金属镂空锯所需要的主要设备包括工作台、锯弓、吊机、穿孔器（麻花钻）、锉刀、磨砂纸等。操作要领：①运行锯子的力量来自肘部而非手腕，所以手握锯弓的力量应该较为轻柔，做到手腕和全身都放松。②如果用力过大，或者没有选用与金属的厚薄相匹配的锯条，就容易造成锯条的断裂。一定要检查锯条是否被绷紧，没有绷紧的锯条在工作时很容易断裂。③将锯条稍稍倾斜，开始切割操作，当锯开了一道口子之后，让锯条与银片保持垂直角度，再进行后续的切割操作。④一定要紧紧摁住银片，不要让银片随着锯条的上下运行而发生震动。另外，确保手指不在锯条的运行线路之内。⑤台木一定要有“V”形缺角，这样即便是很小的银片，放置在“V”形的尖角处进行切割也是很安全的。

（五）金属戒指整体形态调整

戒指分为死口戒指和活口戒指。活口戒指是指戒圈有开口的戒指，戒指尺寸大小是可以调节的，这样方便佩戴，即使手指变粗或变细都能正常佩戴；而死口戒指的尺寸大小不能随便改变，如改大小则需要通过金工调整。金属戒指整体形态调整主要运用的工艺有剪金法、垫圈法、缠线法和利用戒指棒将戒指撑大，这几种工艺可以解决死口戒指因为尺寸不合适带来的问题，有效解决佩戴问题。

金属戒指整体形态调整所需要的主要设备：游标卡尺、锯弓和锯条、戒指铁、铁锤、火枪等。操作要领：①剪金法。为了能将死口戒指改小到合适的尺寸，可以用剪金法。剪金法是将死口戒指的戒托剪掉一截，然后再焊接、抛光、打磨，需要电镀则电镀。剪金法改小的死口戒指美观度好，佩戴非常合适，但是这种改尺寸的方法适用于结构相对简单、没有特殊材料的戒指，并且改动的号数在一定区间里，如弹簧戒就不能采用这种方法；一些戒指含有特殊材料，比如部分弹簧戒和戒指上有陶瓷，也是不能采用这种方法更改的。②垫圈法。对于不适合用剪金法改小尺寸的死口戒指，建议尝试垫圈法。垫圈法是制作一个垫圈镶嵌在戒指的内壁上，起到减小闭口戒指尺寸的目的。垫圈可以制成镂空的，不会遮挡戒指内壁上雕刻的文字。这种方法的好处是不会对戒指本身造成影响，且将来手指变大还可以将垫圈拆下，不会出现二次更改。但是这种方法的局限性也很明显，因为它只针对要改小的戒指。③缠线法。死口戒指大了可以尝试用缠线的方法来减小尺寸。可以用透明的鱼线缠绕在死口戒指靠近手面的一侧，一直缠绕到适合即可，选择柔软舒适的白色棉线也可以，缠线法只是权宜之计。④利用戒指棒将戒指撑大。这种方式只针对要小幅度改大的戒托为贵金属材质的戒指，运用物理作用力和戒指棒将戒指小幅度撑大，这种方式的局限性很大，只能将尺寸微微调大一点，如果戒环有陶瓷、母贝等特殊材料，则无法使用这种方式（绝大部分戒指改大都需要将戒指剪断加金，而那些造型复杂的、特殊的或材料不允许的戒指都无法改大）。

（六）锯功练习

使用锯弓，目的是将首饰的大概外形用锯条进行切割。锯弓主要由三部分组成：框架、锯条、调节旋钮。使用时，通过安装锯条到固定柱上，再旋紧调节旋钮，然后即可使用。锯弓安装需要注意锯条的方向，并且使用锯弓的力道也有相对应的方法。无论是耳饰、简单戒指、胸针的制作都需要使用锯弓，锯弓练习是产品成型不可或缺的一道工艺。

锯功练习所需要的主要设备包括锯弓、锯条、工作台、平嘴钳等。操作要领：①安装锯条的时候应使尺尖朝着向前推的方向。锯条的张紧程度要适当。过紧，容易在使用过程中绷断；过松，容易跑锯和锯斜，也容易折断。②使用锯弓的时候，一般是右手握住锯柄，左手握住锯弓的前方。③注意起锯的时候，锯条与产品的角度，如果是银饰品，需要更小心锯条的断裂。④锯弓应该跟着产品的造型方向锯，并最终完成产品雏形。⑤锯割金属材料，如紫铜、青铜等较厚的材料时应选用金工锯条，锯割首饰蜡时应选用蜡锯条。⑥锯条要松紧适当，使用时不要用力过猛，防止工作中锯条折断伤人。⑦要控制好力度，防止用力过大使产品断裂。

（七）锉功练习

锉功，顾名思义就是以锉为主要工具进行的工艺。锉功是使用各种锉对工件表面进行切削加工，让物品的尺寸、形状、位置和表面的粗糙度等都达至要求的加工方法。锉分为三角锉、平锉、方锉、半圆锉、圆锉等，用于不同形状产品的制作。锉功练习是首饰制作工艺中最基本的一项工艺。

锉功练习所需要的主要设备包括扁锉（平锉）、方锉、半圆锉、圆锉、三角锉、菱形锉、刀形锉、双头蜡锉（锉蜡专用）等。操作要领：①将工作台清理干净，将需要使用的锉准备完成，并把需要进行锉加工的物品准备好。②双手握着产品以及工具，右手食指伸直，拇指放在锉刀柄上，左手紧握被加工的产品，防止掉落造成损坏。③沿着物品要加工的轮廓方向进行打磨，在运用锉的过程中，时刻注意产品造型。

（八）起蜡版

起蜡版是制作一件完整首饰最重要的一步，包括设计草图、软硬蜡材切割、修整、镂空、融合、拼合、连接、塑形等。起蜡版是一种更加实效、更具表现力的工艺方法，它集雕塑及各种装饰工艺于一身，是一种制作简单、易于掌握、可以大规模普及的工艺。

起蜡版所需要的主要设备包括工作台、双头蜡锉、手术刀、砂纸、游标卡尺、锯弓，以及各种型号的首饰蜡、金工锉、雕蜡刀、针等。操作要领：①将工作台清理干净，找到合适的蜡片。②蜡材切割。切割时需要根据不同的蜡材采取不同的切割方法，一般可分为硬蜡切割和软蜡切割。硬蜡硬度相对较大，材料黏性小，可先用游标卡尺或机剪、蜡锯等工具将蜡材分离。软蜡质地柔软，黏性很大，用刀片切割更加方便。③蜡材修整。在硬蜡的修整中可以分为外表面的修整和内表面的修整，两者又包含平面、弧面和球面的修整，表面修整中最关键的是工具的配合使用，锉刀是外表面修整的主要工具，有时也可以根据需要使用一些其他工具，例如手术刀、各种针具等，吊机配合各种雕蜡针具是处理内表面的主要工具，也可以配合手术刀等工具使用。④硬蜡修整需要注意的问题：正确选择锉刀和针具的型号，锉刀的型号包括锉刀的形状和锉齿的粗细，蜡材修整时，是从大号工具向小号工具过渡，这样才能修整出平整光滑的表面。⑤软蜡修整需要注意的问题：软蜡比硬蜡容易变形，使用光滑的玻璃板或者其他表面光滑的工具擀压一下就可以达到修整的标准。⑥在蜡材修整时，不论是硬蜡还是软蜡都需要注意蜡材的厚度、蜡材浇铸等。

（九）执模

首饰执模工艺是首饰加工中的一道重要工序，也是首饰加工中耗时较长的一道工序，它是对首饰粗坯进行修整、修复，使其达到造型优美、表面平整的工艺。通过浇铸出来的每一件首饰毛坯，均需通过执模工人对其进行手工修整、打磨后才能进行镶嵌、抛光、电镀等处理，执模过程中若出现挫痕、表面不光滑、花饰不对称等问题，将直接影响到产品的美观性，对后续的镶石、抛光、电镀等工序也会有影响。执模工艺一般包括修整、修挫、修补、打磨等工艺流程，不同的首饰，其执模工序略有不同。

执模所需要的设备包括工作台、水口钳、焊接用具（风球套装、焊片、焊粉、焊瓦、八字夹、焊夹等）、吊机、砂纸，以及各种型号的金工锉、针、钳等。操作要领：①对首饰铸件进行修整，使其达到造型优美、表面平整。②使首饰恢复到起版时的造型。③剪水口，修整水口位置。④检查砂孔，调整变形，打磨毛边。⑤对不能一起浇铸成型的首饰铸件进行组合焊接。

（十）雕蜡镶口制作

1. 爪镶

爪镶是用较长的金属爪（柱）紧紧扣住宝石，最大的优点就是金属很少遮挡宝石，使宝石的光芒展露无遗，可以从各个角度观赏。素圈单钻的款式较适合采用爪镶，通常有六爪镶（例如经典的六爪皇冠，用于圆钻）和四爪镶（较多用于公主方钻）。为了牢固较大粒的宝石，有时会采用两小爪并成一爪的方式，称为并爪镶。缺点是爪部容易挂到头发或织物。如果是铂金，因为质地较软，可能会导致爪部变形，钻石脱落。

爪镶所需要的主要设备包括各种型号的锉、手术刀、锯弓、砂纸、吊机、钢针、球针、碟针、轮针、伞针、牙针、吸珠等。操作要领：①爪镶按爪的个数可分为二爪、三爪、四爪和六爪等。②爪镶可分为独镶和群镶两种。独镶就是戒托上只镶一粒宝石，群镶是除主石外，还配以副石（即小碎石）。

③检查宝石直径是否与镶口吻合，镶口的爪是否完整，镶口略小可用伞针作适当的拓扩。④刻面红蓝宝石、紫晶等这类宝石的腰部尖端等薄弱部位往往是镶嵌时爪用的地方，为了让刻面宝石能镶嵌得牢固和美观，同时也能保护宝石在镶嵌时边部和尖端处不易损坏，常常需要在爪上车出长口，让长口的高度恰好嵌进宝石的腰边或顶端，卡口要求均匀，并在同一个水平面上。

2. 包镶①

包镶也称包边镶，是用金属把宝石四周围住的一种镶嵌方法。这种方法是镶嵌方法中较为稳固的方法之一，也是较为常用的镶嵌方法。一般对素面宝石（红宝石、蓝宝石、月光石、翡翠等）常常采用包镶的方法，因为这类宝石较大，用爪镶不够牢固，另外爪镶上的爪又容易钩挂衣物。市场上较为常见的“老板戒”“马鞍戒”等素面翡翠戒都是采用包镶方法镶嵌的。包镶适合于刻面、素面和一些异形宝石（如马鞍形）的镶嵌。

包镶所需要的主要设备包括各种型号的锉、手术刀、锯弓、砂纸、吊机、钢针、球针、碟针、轮针、伞针、牙针、吸珠等。操作要领：①把宝石放入镶口试看能不能吻合（注意计算缩水量），如果宝石略大，可以用球针或牙针将镶口或槽位扩大一点，要耐心地边车边试，反复试几次直到合适为止，在扩大镶口的过程中应注意不能将镶口车得参差不齐，镶口应是直边或弧边。②用飞碟或轮针车坑，坑位应距离镶口金边1毫米左右，坑位车的高度应一致，如果是镶有色宝石可用伞针车金底。③细砂纸将镶口打磨光滑。

3. 钉镶②

钉镶是一种典型的首饰镶嵌方法，可分为倒钉镶、起钉镶和齿钉镶。根据钉镶的排石方法可以分为线形、三角形、梅花形、规则群镶和不规则群镶等；根据钉镶时钉与宝石的相互配合方式，可分为“三石一钉”“四石一钉”和“六石一钉”（即梅花钉）等形式。

钉镶所需要的主要设备包括各种型号的锉、手术刀、锯弓、砂纸、吊机、钢针、球针、碟针、轮针、伞针、牙针、吸珠等。操作要领：①雕蜡钉镶是用电烙铁挑起蜡滴在镶口的边缘滴出几个钉头，铸造完成后再挤压钉头，卡住宝石的镶嵌方法（或直接蜡镶后送去铸造）。②由于此法起的钉往往都较小，不可能做出较大的钉，所以通常适合小于3毫米的宝石镶嵌。

（十一）戒指石托制作

在首饰行业，戒指石托的镶嵌有爪镶、包镶、钉镶、逼镶等。戒指上凡是需要与宝石结合的，都需要用到各种镶嵌石托，所以戒指石托的制作是首饰制作中比较重要的一部分。

戒指石托制作所需要的主要设备包括工作台、吊机、电烙铁、工作台、蜡锯、锉刀、雕蜡刀、砂纸，以及各种类型的针等工具。操作要领：①按照指圈的大小去掉多余的蜡材时，要注意以最小圆为基准左右均匀刮削。②使用吊机掏空镶口时，要注意手支撑在工作台并拿稳镶口。③在打磨修整戒托时，要注意使用的力度，避免戒托断裂。

---

① 徐禹：《首饰雕蜡技法》，中国轻工业出版社；杨井兰：《首饰蜡版制作》，上海人民美术出版社。

② 徐禹：《首饰雕蜡技法》，中国轻工业出版社；杨井兰：《首饰蜡版制作》，上海人民美术出版社。

二、综合型实训

综合型实训是安排在基础型实训之后的，对学习到的知识进行全面总结和综合应用，目的是巩固和深化课堂所学的知识。一方面可以继续完成对基本技能的训练，另一方面可以锻炼综合运用知识，调动已有的知识储备去思考、去分析工作任务的实质和规律。

（一）金属首饰套装制作

金属首饰套装制作是指将铜、银等金属材料按照一定的工艺要求，通过碾压、拉丝、锯割、折弯、锤打、焊接、镶嵌、执模、抛光、着色等工序制作并符合工艺要求且具有佩戴和实用功能的首饰及工艺品。

金属首饰套装制作所需要的主要设备包括工作台、吊机、焊接用具（风球套装、焊片、焊粉、焊瓦、八字夹、焊夹等），以及各种型号的锉、锯、针、锤等。

金属首饰套装制作（星系系列）步骤[①]：

1. 金属吊坠

第一，准备需要的工具和材料：纯银、铜、水、锤子、纹理锤、剪刀、打火机、硼砂、皂化溶液等。（如图3-105）

图3-105　准备工具

第二，选择星系图案和裁剪。将银片放置在平台上，用软锤子进行敲击，使银片平直，然后选择好星系图案，将它粘贴在银片上。（如图3-106）

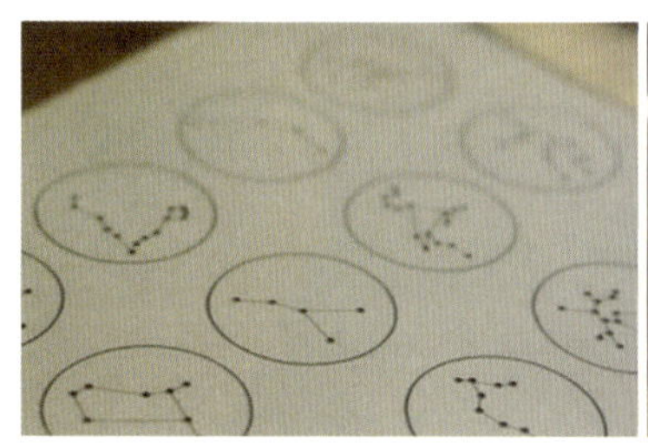

图3-106　放稿

① 此案例来源于kiinii App（手作一物），https://www.kiinii.com/.

第三，根据纸片上的设计图进行剪裁银片、制造纹理和穿孔。再一次把银片置于平台上，选择好喜欢的纹理锤子，敲击银片，使银片出现纹路。然后根据纸片上的小黑点，进行打孔。（如图3-107）

图3-107　剪裁与打孔

第四，燃烧、清洗。在银片上得到对应的小孔后，用加热器燃烧粘贴在银片上的纸片，将纸片燃烧干净后置于清水中进行清洗。（如图3-108）

图3-108　燃烧、清洗

第五，剪取铜丝。根据银片上的小孔数量，剪取对应的铜丝，用镊子夹住铜丝的一端，另一端蘸取硼砂。（如图3-109）

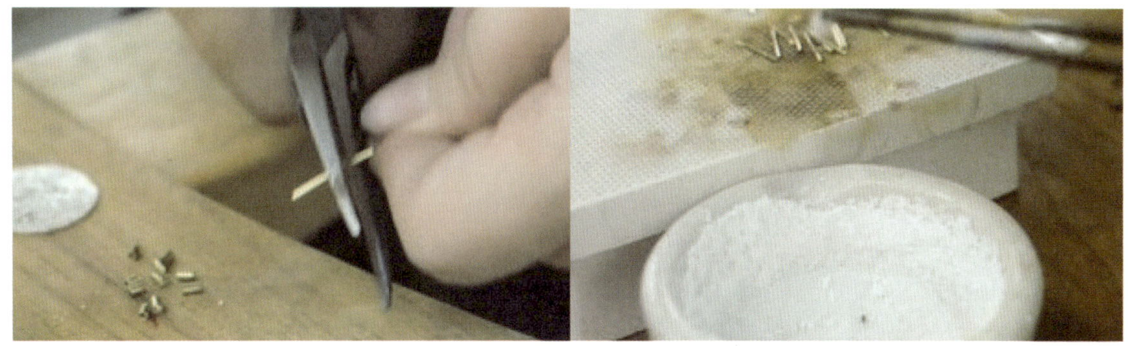

图3-109　剪取铜丝

第六，制作带有小球形状的钢丝。用加热器燃烧蘸有硼砂的一端，使其烧出小球形状。（如图3-110）

图3-110　制作带有小球形状的钢丝

第七，组装。将带有小球形状的铜丝穿进银片的孔中，放上定位珠，再把相同大小的银片覆盖上。（如图3-111）

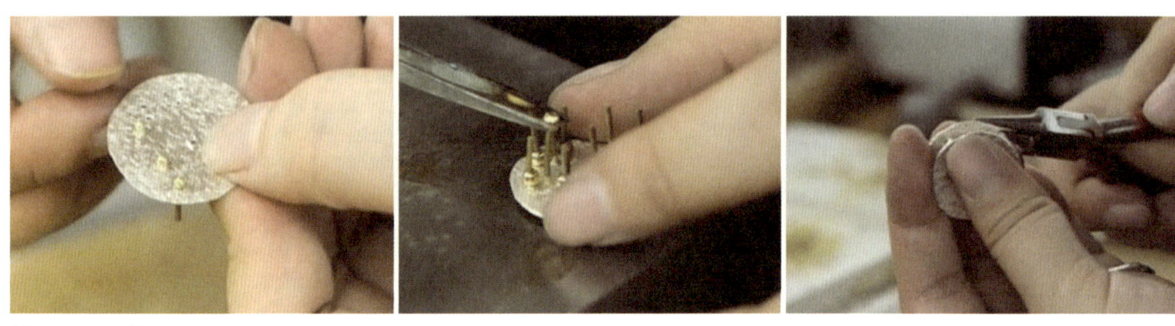

图3-111　组装

第八，裁剪。由于之前的铜丝长度不一，组装后会突出在银片的另一端，用剪刀剪取多余的部分，再在其上方加入焊药进行燃烧使其固定住，然后放入清水中冷却。（如图3-112）

图3-112　裁剪

第九，打磨高光。从清水中捞出银坠，用打磨工具进行打磨，使其出现高光，做氧化黑。加热皂液，再将银坠放置其中熬煮，直到银坠变黑后捞出，最后用砂纸进行打磨。（如图3-113）

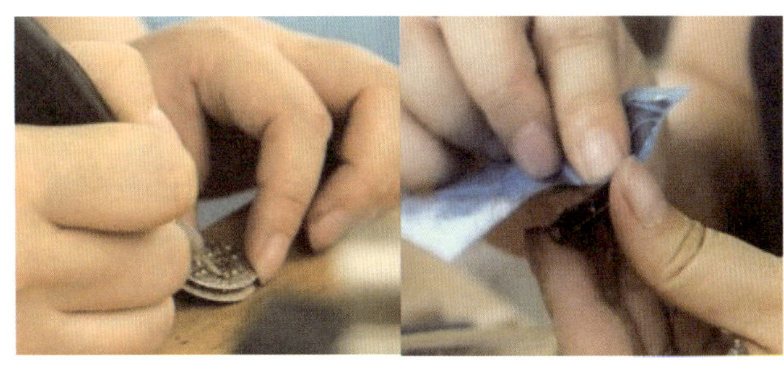
图3-113　打磨

第十，清洗链坠，装接银链。（如图3-114）

图3-114　清洗及装链

第十一，制作完成。（如图3-115）

图3-115　成品

2. 金属耳坠

第一，准备需要的工具和材料：纯银、记号笔、焊药、焊枪、打磨工具、剪刀、清水、压片机、抛光机、珍珠等。（如图3-116）

第二，设计大小。用尺子测量好所需要的银片大小，并且画上记号。（如图3-117）

图3-116　准备工具

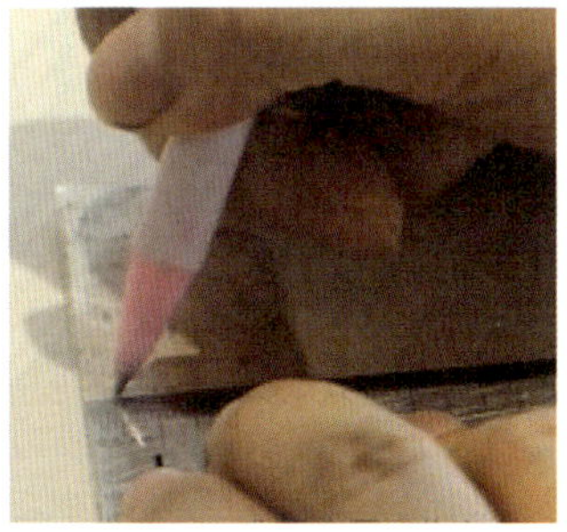
图3-117　放稿

第三，剪裁。根据银片的笔迹，使用剪刀剪裁对应大小的银片，剪裁后的银片会变形，用锤子敲击，使其平展，备用。（如图3-118）

图3-118 裁剪

第四，塑形。通过模具，将银片围绕模具一圈轻轻敲击，使银片形成圆环。（如图3-119）

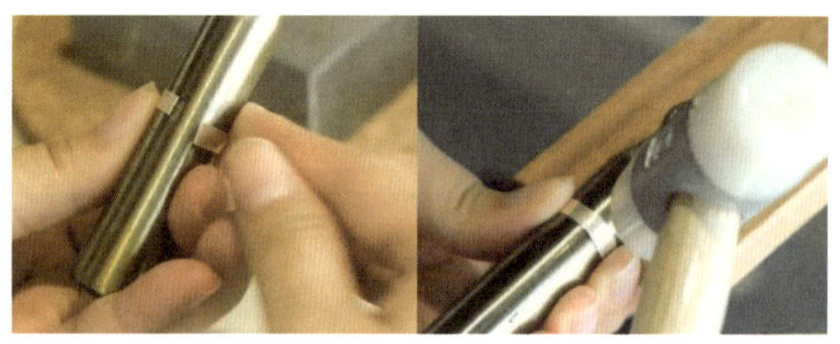
图3-119 塑形

第五，剪裁。将多余的银片剪下，备用。（如图3-120）

图3-120 裁剪

第六，焊接。在已经形成圆环的银片两端接口上，点上焊药用火枪进行焊接，焊接成功后放入冷水中冷却，备用。（如图3-121）

图3-121 焊接

第七，制作表面。将银环放置在另外一片银片上，比对好所需要的大小后，进行剪裁。加热软化后剪裁所要的银片，并且冷却备用。（如图3-122）

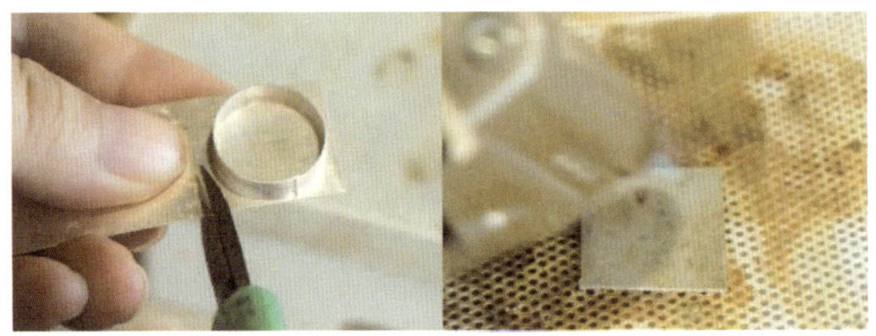

图3-122　制作表面

第八，制作纹理。剪取一片和银片大小相同的树皮，将两者粘贴放在压片机上压片，银片受力挤压，在与树皮粘贴的一面上出现了与树皮相同的纹理。（如图3-123）

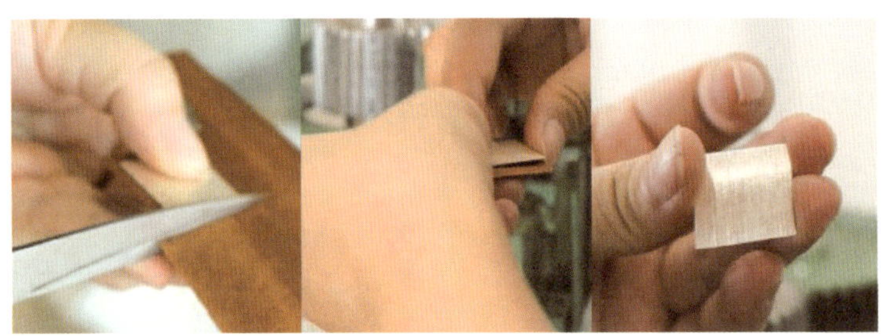

图3-123　制作纹理

第九，焊接银环和银片。将银环放置在银片上，在两者之间的接触面上放置焊药，加热使其焊接在一起，冷却备用。（如图3-124）

第十，剪裁。用剪刀沿着银环剪裁，剪去多余的银片。（如图3-125）

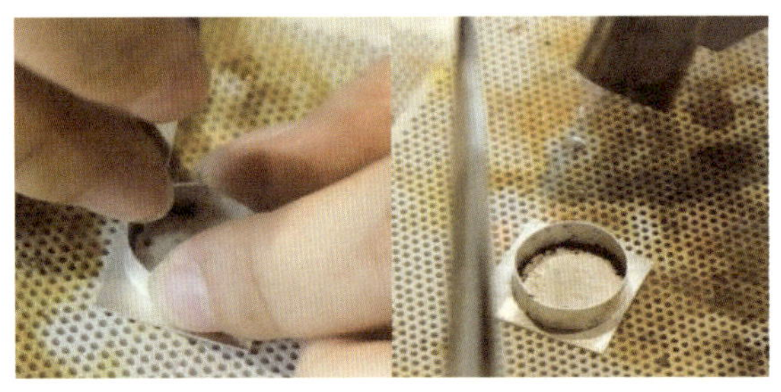

图3-124　焊接

图3-125　剪裁

第十一，焊接底面。取一片银片，将之前焊接成功的立体圆环放置在上，比对大小，并且在两者之间加上焊粉进行焊接，焊接成功后剪去多余的银片，备用。（如图3-126）

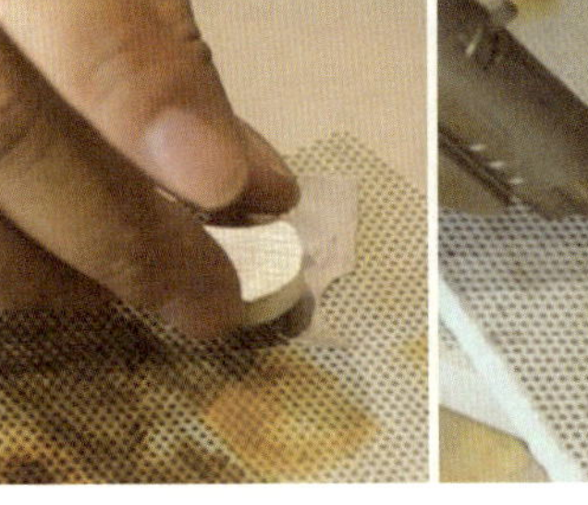

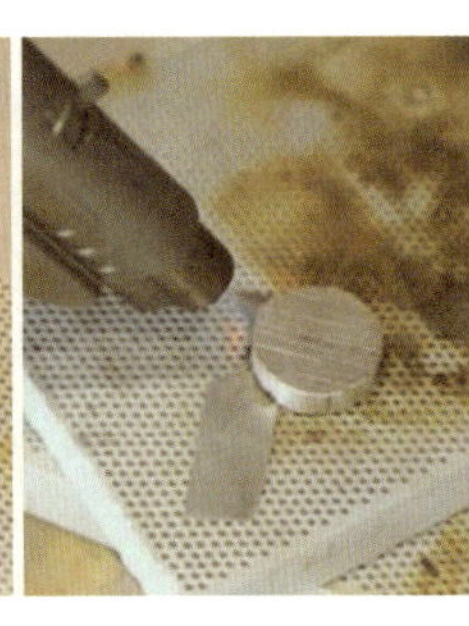

图3-126　焊接底面

第十二，打磨。由于裁剪的切面锋利且不光滑，所以我们要使用打磨工具将立体圆环的切割面进行打磨使其平滑。（如图3-127）

图3-127 打磨

第十三，焊接耳针与插针。分别在圆环的背部和底部点焊粉，焊接上耳针与插针。（如图3-128）

图3-128 焊接耳针与插针

第十四，浸泡和打磨抛光。将焊接成功的圆环浸泡在除氧化溶液中20分钟，去除黑色的焊接物。浸泡成功的圆环光洁，没有黑色的氧化物，再使用打磨工具和抛光工具进一步地打磨和抛光。（如图3-129）

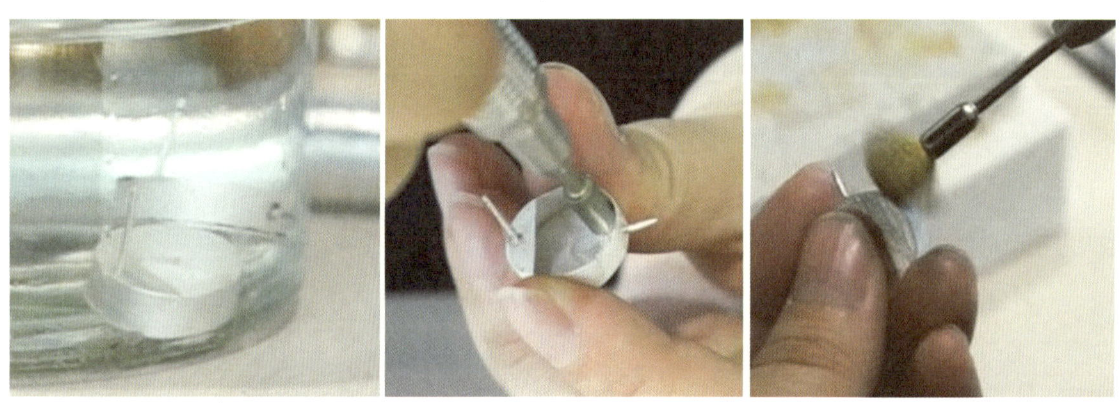

图3-129 浸泡和打磨抛光

第十五，珍珠钻孔与组合。取两颗黑色的珍珠，在其一端上钻孔，并且加上胶水，调整位置，将珍珠与银环组合在一起。（如图3-130）

第十六，制作完成。（如图3-131）

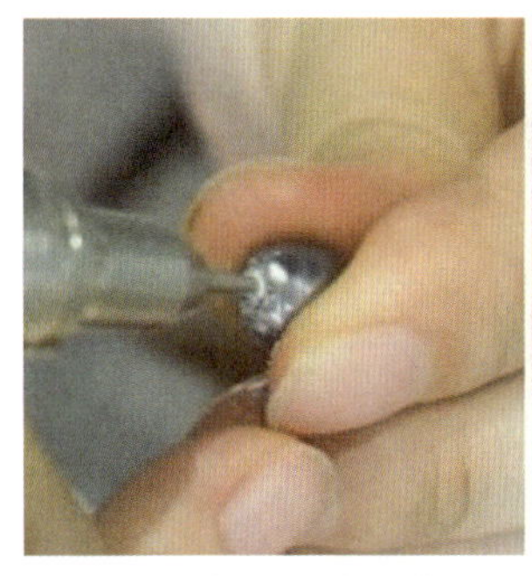
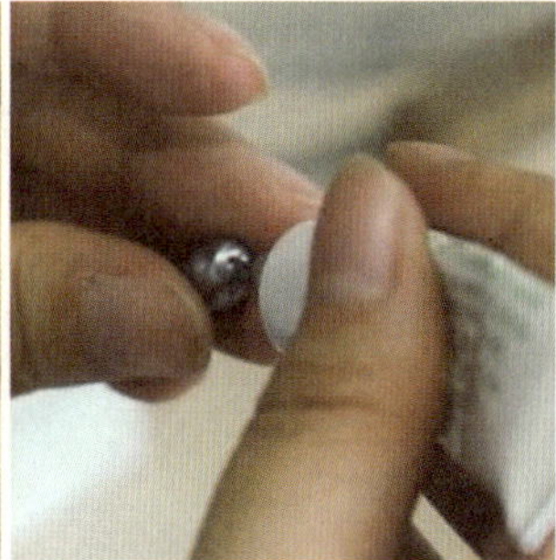

图3-130　珍珠钻孔与组合

图1-131　成品

（二）雕蜡首饰套装制作[①]

雕蜡是首饰制作过程的第一道工序，即参照首饰设计图，用蜡按尺寸大小雕出各种形态的蜡版，如戒指、吊坠、耳环、手镯，还有一些比较复杂的花、动物等。传统的手工雕蜡相比电脑绘图喷蜡，雕出来的蜡版更生动、美观。

雕蜡首饰套装制作所需要的主要设备包括双头蜡锉、吊机、雕刻刀、手术刀、电烙铁、锯弓、砂纸，以及各种型号的金工锉、针等。操作要领：①蜡模厚度一般保持在0.7毫米以上，整个蜡模厚度尽量一致，厚薄造型应该逐步过渡变化。②当使用吊机雕蜡时，由于切割速度过快，摩擦产生的热量会使蜡屑黏成团块，同时黏住针头，在使用时，需不时地对针头进行清理。③注意手持蜡模的力度，两个力量相互配合，防止蜡模断裂。④制粗坯时，要锉平深度，披锋（即粗坯多出的部分），在补蜡时，电烙铁不能在同一位置停留太长时间，以防蜡坯变形。

《山海经》雕蜡首饰套装设计与制作步骤：第一，思维导图。灵感来源于《山海经》中的比翼鸟。比翼鸟是一只身上长有红色羽毛的鸟和一只长着青色羽毛的鸟，羽毛十分漂亮，但不能单独飞翔，因为它们分别只有一个翅膀、一只眼睛，所以只有两只鸟的翅膀配合起来才能在蓝天中飞行。如图3-132，结合《山海经》中的描述和图片进行分析，将提取出的红色翅膀、青色翅膀、独翅、独眼还有需要配合在一起才能飞翔等特点进行初步构思。《山海经》中的三珠树：三珠树的外形与普通的柏树相似，其叶子都是珍珠。如图3-133，结合材料文字和图片提取三珠树的叶子全都是珍珠的特点作为设计元素。《山海经》中的贯胸国：贯胸国在灭蒙鸟的东边，那里的人身上都生有一个从胸膛穿透到背后的大洞，所以叫贯胸国。如图3-134，根据图片和文字提取了贯胸国的国民胸口都有一大洞的特点作为设计元素。

图3-132　比翼鸟元素提取图

① 此案例来源于广州商学院艺术设计学院2014级刘李芷芮。

图3-133　三珠树元素提取图

图3-134　贯胸国元素提取图

第二，设计方案。如图3-135至图3-137，根据元素提取后的结果展开设计。

第三，准备相应的材料和工具（如图3-138、图3-139），上稿。如图3-140，按1：1的比例根据设计方案在纸上画出合适的图案，剪下并在背后贴上双面胶。然后将纸片贴在适合的蜡片上，进行放稿。方法：画线法，常用方法为游标卡尺画线和雕刻刀划线；扎点法：把设计稿固定在蜡面上，使用针尖沿设计图进行扎点。

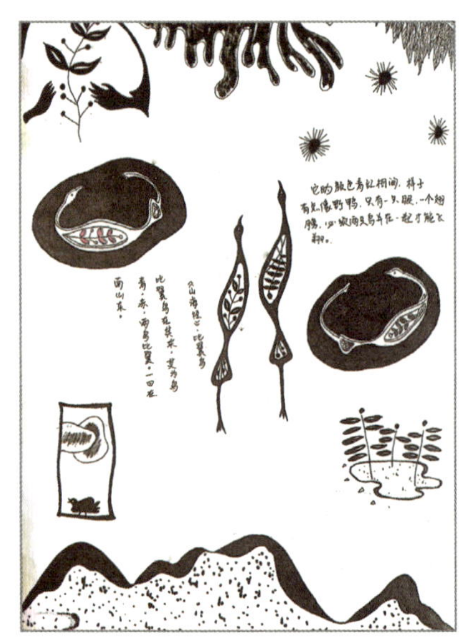

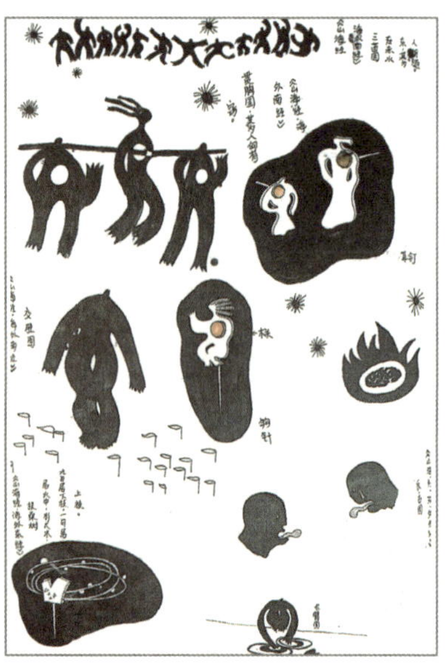

图3-135　比翼鸟设计方案　　图3-136　三珠树设计方案　　图3-137　贯胸国设计方案

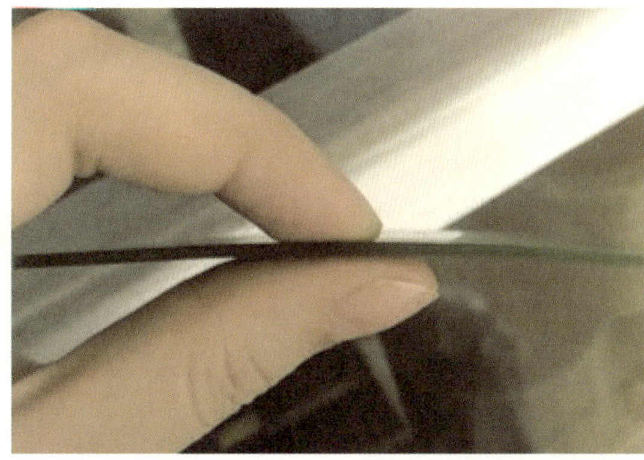

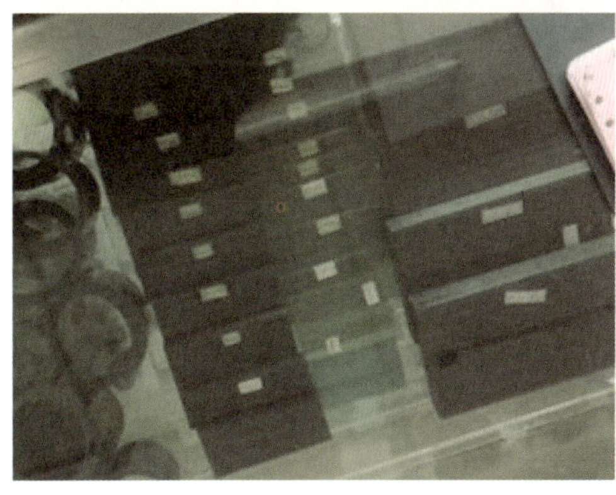

图3-138　选择合适的蜡材

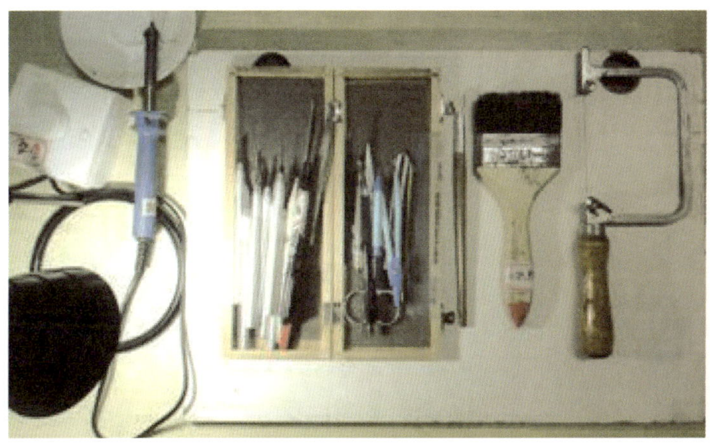

图3-139　准备相应的工具

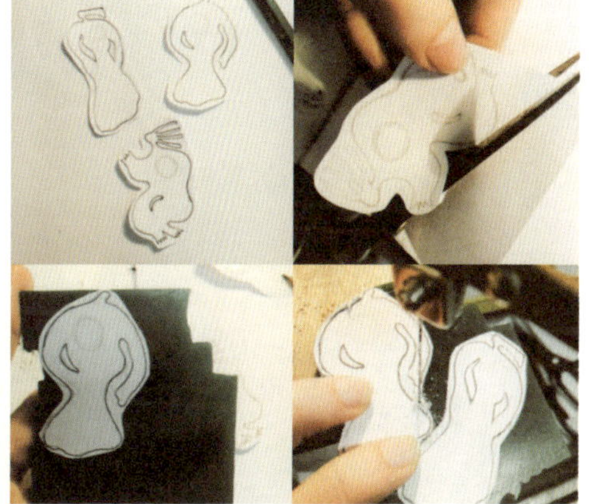

图3-140　放稿

第四，锯出相应的形状，然后在锯出的大概形状上面用锉刀和电烙铁修整出满意的形状为止。（如图3-141、图3-142）

第五，用锉刀磨出需要的零部件，再用电烙铁进行焊接，最后打磨，完成蜡模制作。（如图3-143）

第六，失蜡铸造、执版。将蜡模倒模回来后的银版进行后期打磨、焊接、清洗、抛光。（如图3-144）

第七，木质部件制作。将选取好的木料切割打磨成需要的形状并粘贴在合适的部位。（如图3-145）

第八，成品效果。（如图3-146至图3-148）

图3-141　锯形与修形

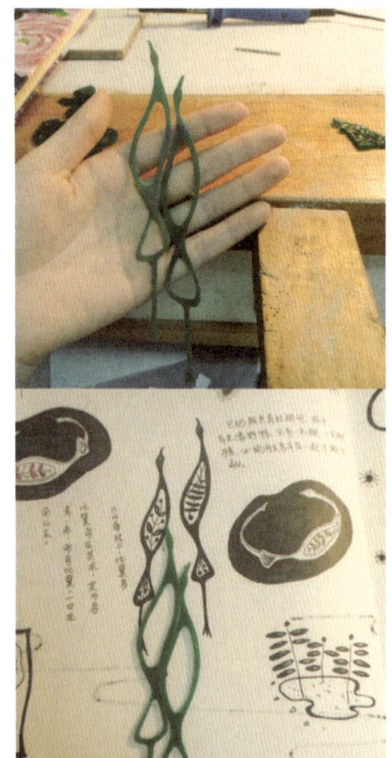

图3-142　完善造型

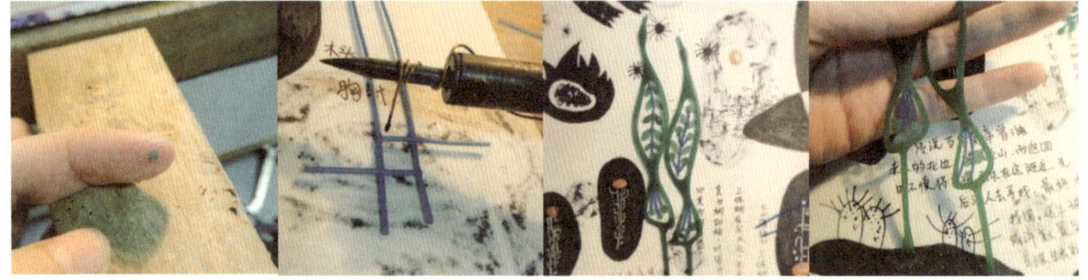

图3-143　焊接零部件

图3-144　抛光执版

图3-145　木质部件制作

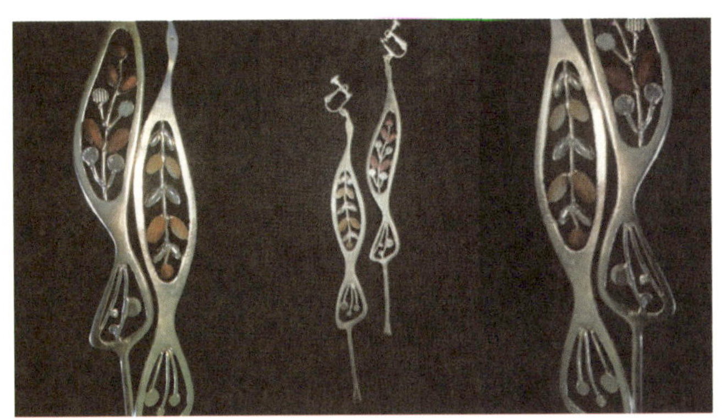

图3-146　比翼鸟元素首饰

图3-147　贯胸国元素首饰

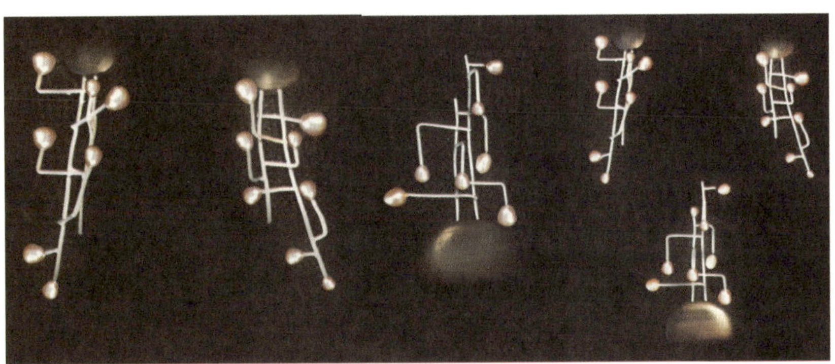
图3-148　三珠树元素首饰

4

第四章

集思广益——首饰设计实训案例

章节前导 Chapter preamble

课程重点：

分析不同主题风格首饰设计案例的特点及市场应用。

课程难点：

分析不同主题风格首饰设计案例并总结设计经验。

课堂建议：

本章内容适合与实训相结合，安排进行综合性主题首饰设计及制作任务，在设计与制作任务进行前先学习本章内容，进行有针对性的借鉴与参考。

在前三章，我们学习了在既定主题下如何进行创意构思、视觉表达以及方案物化的方法与技巧。基本能够掌握首饰设计产品故事的设定与思维导图的制作方法，首饰设计的用户调研与受众分析的方法；能进行首饰元素提取与思维延续和首饰形态表述与方案绘制；复习了首饰材料设计与工艺实训的部分内容。在本章中我们将以案例的形式详细介绍如何综合应用所学知识进行系列主题首饰设计，并希望同学们在学完之后能够总结相关的设计经验。

第一节　男式个性主题手链实训案例①

这是一个根据客户需求，以男式个性主题进行的手链设计，客户要求以牛头为元素定制一条男式银质手链。首先根据与客户的全面沟通，将手链风格定位为野性、粗犷、个性化、夸张、男性化。下一步根据客户的需求，选择设计元素，收集相关图案资料。（如图4-1）为客户提供设计稿。（如图4-2、图4-3）

由于选定方案为仿生不规则造型，所以本次方案选择手工雕蜡制版的方式进行实物制作。在雕蜡制作之前先进行1：1油泥小稿的放样。首先，准备油泥雕塑工具。（如图4-4）雕塑工具有三种基本类型：木制工具。通常是由黄杨木制成，形状多种多样，有尖状的、竹片状的、锯齿状的和圆形的。泥塑钢片刀。一端变宽延伸出来形成一种木制工具，而另一端是强力钢丝弯成的一个环，置于圆形手柄上的一个

图4-1　资料收集

① 本案例来源于本书作者罗冠章、吴福珍、蒋建平。

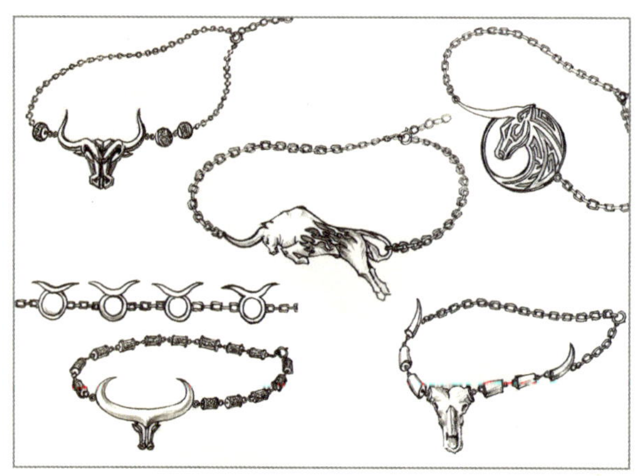

图4-2 设计方案

图4-3 选定方案

黄铜套圈中。双丝头工具。在木手柄的两端各有一个金属环。泥塑工具有很多形状，每种形状都有特定的用途。

其次，准备油泥材料。（如图4-5）油泥主要用于工艺品、五金、塑胶开模、学生雕塑，可循环使用，久置不变质，特点是对温度敏感，微温即可软化塑形，对工艺品等模型的雕塑，可塑性极强。油泥材料经常用于仿生造型首饰的1∶1小样制作。

如图4-6，接下来根据设计图的要求，标注清楚具体的部件尺寸。这一步很重要，关系到模型制作时的尺寸要求，也是成品的具体尺寸，制作过程需要严格按照设计方案的尺寸要求来进行制作。

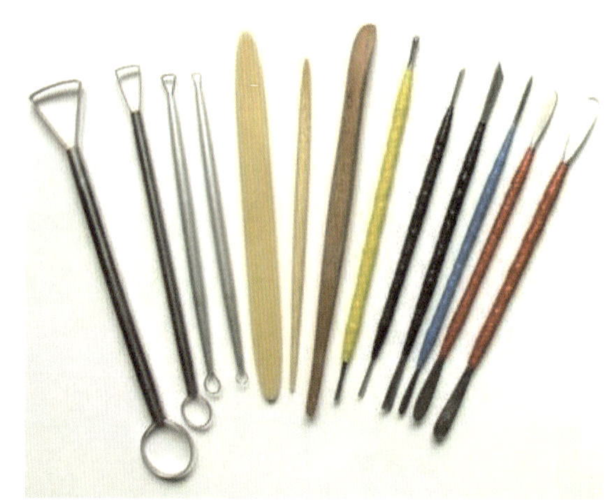

图4-4 油泥雕塑工具

图4-5 各式各样的油泥

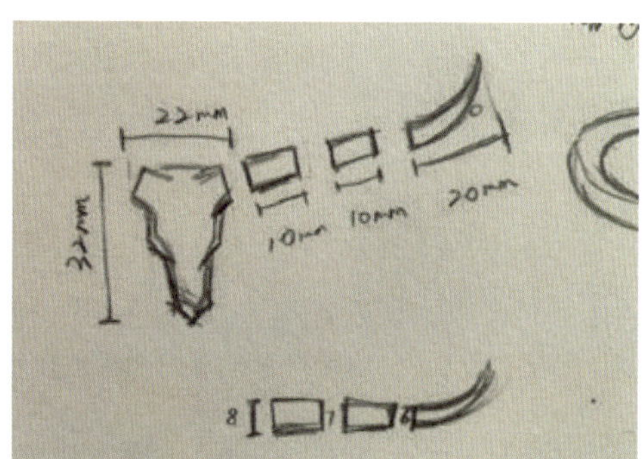

图4-6 牛头尺寸草图

如图4-7，按照方案草图的形体特征，用雕塑模型专用的油泥塑造出大概的造型，这一阶段我们叫“堆大形”，就是用最短的时间，把握住设计方案中物件的造型、比例和特征。首饰物件也是立体的模型作品，所以，在雕塑物体的时候，还要从多个角度来检查物件的特征、比例、尺寸等要求。在没有把握好特征的前提下，先不要急着进入下一阶段。

图4-7 堆大形

如图4-8，在制作过程中，应该多画线，牛头属于对称的结构造型，可以通过画中线进行观察和比对，检查泥塑造型是否对称，如果泥塑不够对称，就需要及时进行调整。在制作过程中，多画一些水平线和垂直线，有助于制作时对比观察，也有助于对形体进一步塑造。

图4-8 调整形态

在泥塑造型比例准确以后，就开始对具体的形体细节进行刻画，明确各个细节的特征和尺寸的要求。如图4-9，在细节刻画阶段，要求把每一个细节做得更加到位，把局部的线面转折关系都刻画出来。直到每个细节部分都刻画完毕后再把表面做得更加平滑，有需要做出特殊肌理效果的部分，也在这一阶段做出特有的肌理效果。

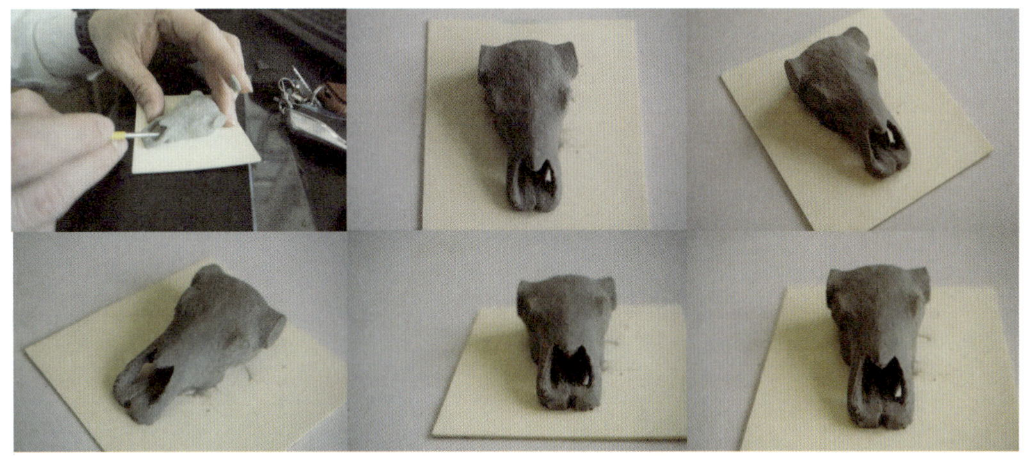

图4-9 深入刻画

最后，牛角的制作。先截取两份适量的油泥，把它们搓成圆锥状，长度应和设计草图中的尺寸一致，然后确认一下圆锥底部和牛头部分预留的牛角尺寸是否大小一致，再结合设计草图中的牛角弧度，把圆锥体弯曲成设计草图中的弧度。如图4-10。

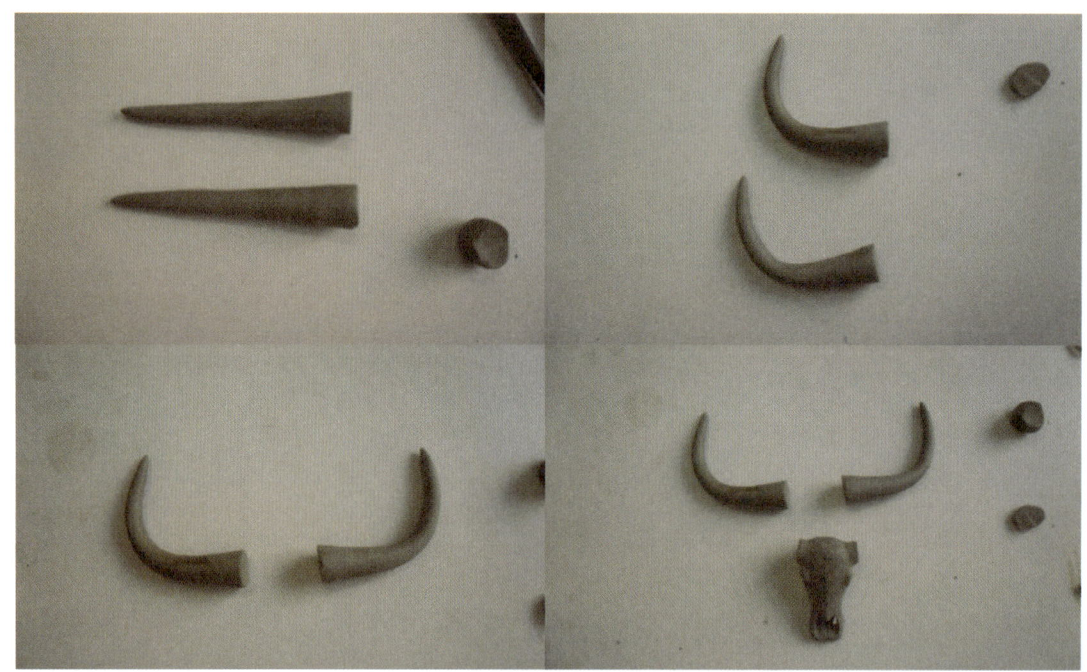

图4-10　牛角的制作与整体造型

油泥的小样完成之后，可以根据油泥的造型进行雕蜡。为了方便雕刻，将牛角部位与牛头主体部位分开雕刻。选择厚度稍微大于方案尺寸的蜡砖，在蜡砖表面用双面胶粘贴已绘制好的牛头骨正视图，根据所绘制的线条进行锯割，锯割时注意预留大约1毫米边缘容错，方便后期稍微调整造型。（如图4-11、图4-12）

根据侧视图造型，将大形分成三个部分，给牛头做出三个阶梯，定好高度，然后继续细节雕刻，主要用蜡锉刀工作。（如图4-13、图4-14）

如图4-15，再仔细分清牛头骨额、眼、鼻、嘴等位置，结合多种雕刻工具进行造型。在这个阶段注意多角度观看牛头造型，忽略表面的裂痕纹理等细节，主要进行体块的塑形和雕刻，只有在好的大形基础上添加细节，才能成就精美的具象首饰雕蜡造型。

如图4-16，在蜡砖上框画牛角正视图形状，然后使用线锯锯割，注意预留大约1毫米的容错修正位置。如图4-17，使用线锯时注意牛角形状的弯曲弧度，根据弧度调整锯切角度。

图4-11　蜡砖锯割正面造型

图4-12　切割好的牛头粗造型

图4-13　牛头骨侧面三阶梯高度划分

图4-14　蜡锉刀进行造型

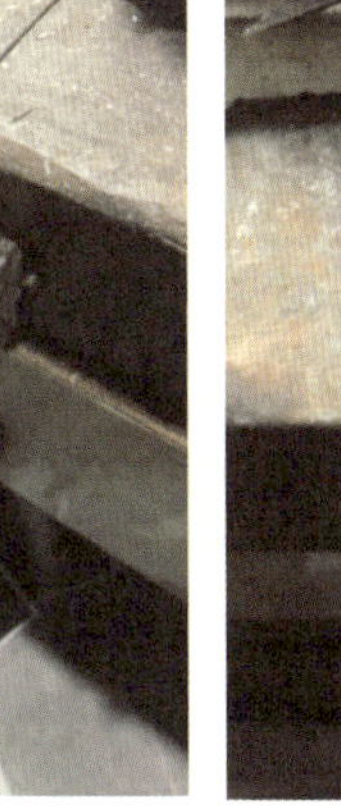

图4-15　牛头骨大形

图4-16　蜡砖绘制牛角正视图

图4-17　锯割蜡砖牛角正视图

如图4-18，将锯割下来的牛角用平锉修平整。然后转到侧面，用平锉修整牛角，使其造型从牛角根部向牛角尖部慢慢变尖。如图4-19，调整两只牛角，使其造型一致。

如图4-20，使用平锉将弯方锥形状牛角截面修圆，得到牛角雏形。

图4-18　锉刀打磨牛角侧面使其逐渐变尖

图4-19　调整两边牛角造型

图4-20　平锉打磨牛角使其截面变圆

如图4-21，将牛角与牛头骨用熔接法接起来，检验整体造型。如图4-22至图4-26，调整牛头骨部分的造型，牛角部分造型在分开制作牛角时已调整。

图4-21　将牛角与牛头骨用熔接法接起来，检验整体造型

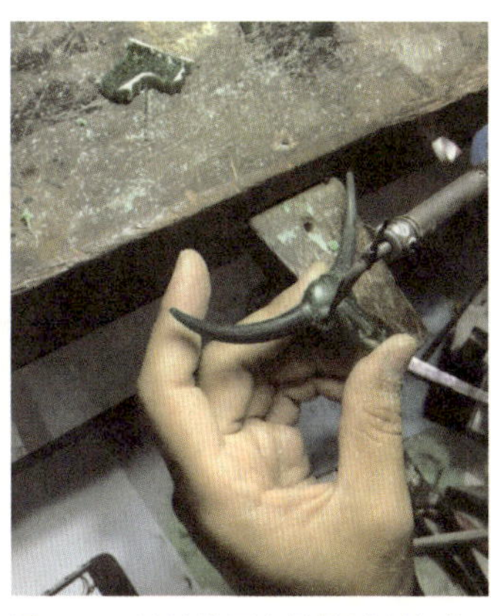

图4-22　继续使用电烙铁雕刻细节

图4-23　大形初步完成

图4-24　左：继续添加细节，中：抛光；牛头骨侧面造型；右：填充眼骨部位重新雕刻

图4-25　左：重新做出较为自然的眼骨裂痕；中：裂痕调整；右：牛头骨背面使用吊机、波针掏空

图4-26　左：锯割牛角成三段；右：牛角锯割并掏空内部

如图4-27至图4-31，翻铸银版，并进行整体执版抛光、做旧拼接成型等工作。

图4-27　翻铸银版

图4-28　牛角分段的封口焊接打磨

图4-29　焊接牛角的链状结构

图4-30　整体执版抛光

图4-31　做旧

图4-32　焊接手链的链条

图4-33　整体完成效果

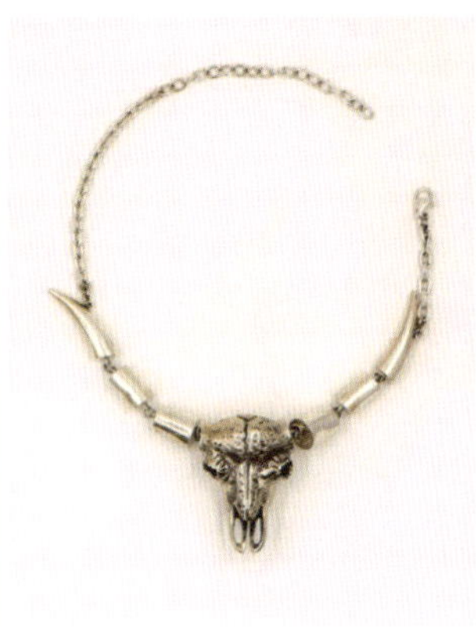

图4-34　牛头手链拍摄效果

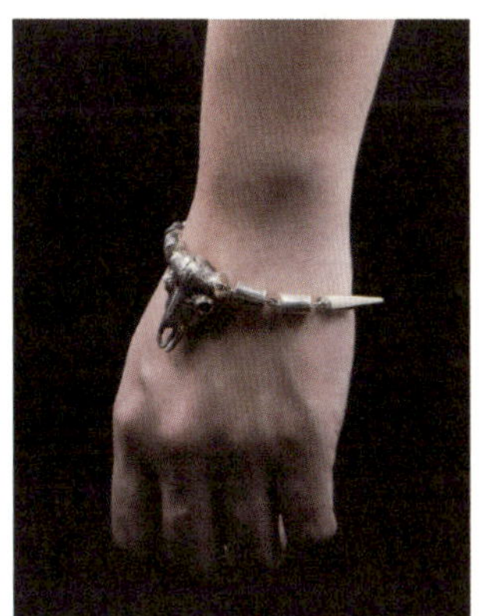

图4-35　模特佩戴效果图

加入牛角的链接结构设计，使得牛头骨能够灵活佩戴在手腕上。整体完成。（如图4-32、图4-33）牛头手链保留了牛头骨元素粗犷、野性的特点，零部件进行内部掏空设计，控制重量便于佩戴。（如图4-34、图4-35）

第二节　女式文创主题首饰套装实训案例①

一、灵感来源

敦煌文化艺术光辉灿烂，其壁画艺术中被大众熟知的便是壁画上的纹样、壁画里的故事以及壁画里的飞天元素，设计者被飞天的优美造型深深吸引，所以本次尝试以敦煌文化为主题进行一系列文创首饰设计。

在图案繁多的敦煌壁画中，不同的装饰便有不同的区域分类，其中有藻井、平板、人字按、龛楣、圆光、服饰、地毯、家具、器物图案等。以上区域图案构成的重要基本元素是边饰，如图4-36，在壁画中，边饰起到了对画面进行分隔的作用，忍冬纹、卷草纹等是较为常见的边饰纹样，以重复对称的方式

① 本案例来源于广州商学院艺术设计学院2016级许玢。

排列着，其纹样特色会根据朝代的更替产生变化。北朝图案舒放自然，纹饰疏朗简约，反复流畅，富有生气；唐代边饰是最丰富的，因为唐代二百余窟，每一窟中的图案都不相同，变化万千、样式各异。唐代画师们能依据原本的元素变化出前所未见的花式，每个花式都有其特点，再“随心”组合成自由花边。

图4-36　敦煌壁画纹样

由一个画面或数十上百个画面组成的故事画便是敦煌壁画的内容，通过连环画形式绘制出佛经中的故事，故事内容感人，复杂的情节充满着浓郁的生活气息，具有引人入胜的魅力，其中最让人熟知的便是九色鹿（图4-37）。敦煌壁画的故事内容比较复杂，不管故事内容的主角是神还是动物，它们都具有人的思考能力和情感，故事内容主要以教导人们道理，或是讽刺统治者、嘲笑唯利是图的人物为题材，这些故事便是在为人们提供精神食粮，慰藉和宽慰人们的灵魂。

敦煌莫高窟的735个洞窟中，基本每个窟都有飞天的形象，在朝代和政治的更替，以及丝绸之路中西文化的频繁交流中，飞天的姿态意境、风格神韵都在不断地变化，飞天形象到达完美的阶段那便是在唐代时期，是完全纯粹的中国飞天。飞天被认为是敦煌的“形象大使”和天宫里的精灵，飞天在天空翱翔时不需要借助翅膀，主要凭借飘曳的裙带在空中遨游，飞天的造型多样，有童子飞天、六臂飞天（如图4-38）、双飞天、群飞天等。

图4-37　九色鹿

图4-38　六臂飞天

二、现有敦煌文化主题首饰分析

敦煌文化作为我国文化瑰宝，既有中国传统文化的沉淀，又有与西域文化的融合，在首饰上便有许多以此为灵感的作品。如图4-39，《敦煌琵琶黄钻项链》的创作灵感来自敦煌莫高窟112窟《伎乐图》壁画中的《反弹琵琶》图，此图的色彩运用和舞蹈动作带有西域少数民族风情，画中舞者的曼妙灵动舞姿给设计师留下了深刻的印象，塞外丝路的琵琶意象和西洋五线谱线是设计师主要的灵感来源，通过提取元素再设计幻化作项链的坠饰和配链，用珠宝弹奏出无声却动人的音符。

图4-39　敦煌琵琶黄钻项链

周大福珠宝《如来敦煌》系列（如图4-40），就运用了壁画中的佛手以及飞天等元素，通过贵金属与其他宝石、木头等材质结合进行设计，作品使用曲线缠绕等表现手法，将飞天的韵律以首饰器物的方式呈现在众人眼前，更好地呈现敦煌壁画飞天的特色。

图4-40　周大福珠宝《如来敦煌》系列

敦煌研究院也在这些年出了一批首饰产品。如图4-41，这些首饰的设计灵感均源自敦煌莫高窟中的雕塑和壁画中的纹样，以贵金属为材料，以珍珠、彩宝作为点缀，将敦煌的景色和故事以首饰的形式呈现出来，让人们更直观地感受到敦煌的美。通过这种方式，也让世界更好地了解我国这一文化瑰宝。

图4-41　敦煌研究院敦煌文创首饰

在现今的首饰市场中，不少设计是通过将传统纹样或者图腾进行提取再设计，使原本充满时间沉淀的传统文化焕发新的光彩。虽然现今首饰市场千姿百态，充满传统文化色彩的首饰依然非常受到众人喜爱，喜其有现代的模样，爱其有文化的韵律。敦煌文化作为我国文化艺术瑰宝，壁画中蕴藏的故事无不吸引着人们的好奇心，通过首饰传递故事，对弘扬传统文化有着重要的意义。

三、消费者问卷调研及设计定位

在设计开始之前为了进一步了解消费者的需求，进行了一次问卷调研，收到有效调研问卷100份。（如图4-42）针对人群是否有购买过以文化为主题的首饰，对敦煌壁画的了解程度，以及敦煌壁画的初印象，在100份有效问卷内，数据显示有54份问卷的人群年龄是在18岁～25岁，人群定位目标以年轻群体为主，仅有4%的人不了解敦煌壁画。由此可知，敦煌壁画处在大众基本知晓的状态，对进一步进行文化宣传有较好的基础。对于“提到敦煌壁画，首先知道的是什么”，在96份有效问卷中，“飞天”有45份，“图案纹样”23份，“壁画故事”有26份，其他有2份，便可以证实，飞天是敦煌壁画的一张形象名片。在“对敦煌壁画你最感兴趣的是”的反馈得知，人们对“图案”和“文化特色”有兴趣。

根据以上数据，本次设计选定了壁画的飞天为主要设计元素，以简约现代和传统古典结合为主要风格，尝试碰撞出不一样的视觉效果。

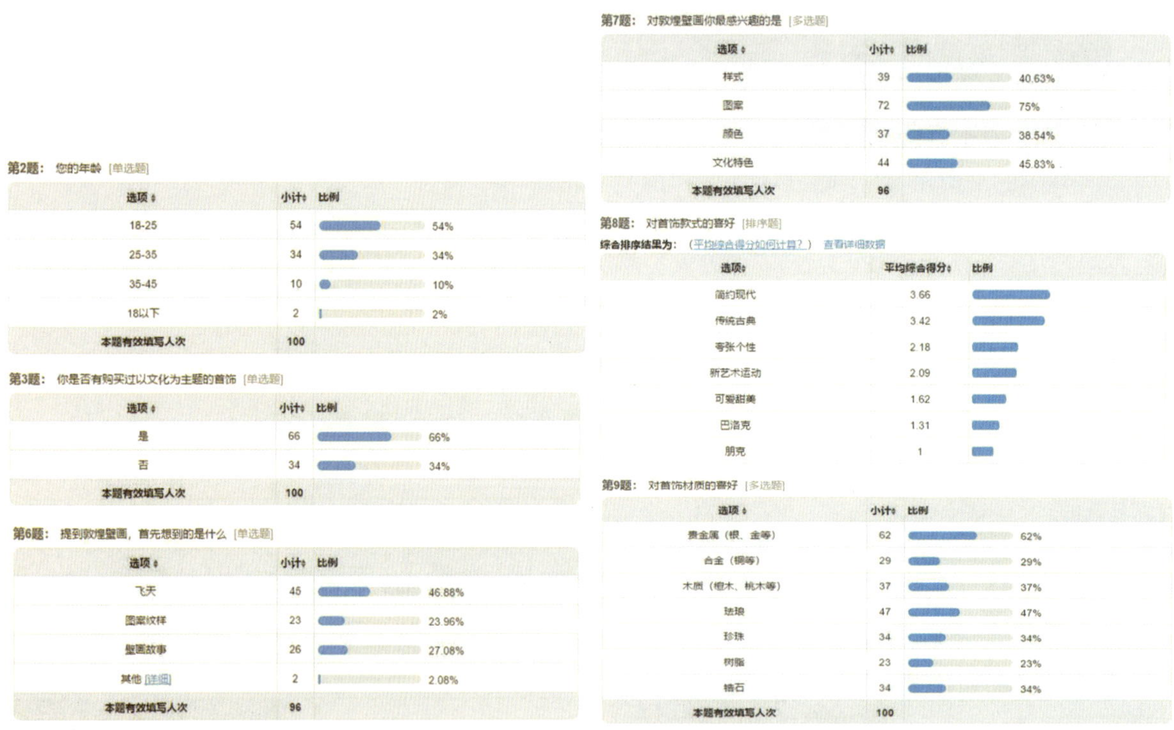

第2题：您的年龄 [单选题]

选项	小计	比例
18-25	54	54%
25-35	34	34%
35-45	10	10%
18以下	2	2%
本题有效填写人次	100	

第3题：你是否有购买过以文化为主题的首饰 [单选题]

选项	小计	比例
是	66	66%
否	34	34%
本题有效填写人次	100	

第6题：提到敦煌壁画，首先想到的是什么 [单选题]

选项	小计	比例
飞天	45	46.88%
图案纹样	23	23.96%
壁画故事	26	27.08%
其他 [详细]	2	2.08%
本题有效填写人次	96	

第7题：对敦煌壁画你最感兴趣的是 [多选题]

选项	小计	比例
样式	39	40.63%
图案	72	75%
颜色	37	38.54%
文化特色	44	45.83%
本题有效填写人次	96	

第8题：对首饰款式的喜好 [排序题]

综合排序结果为：（平均综合得分如何计算？） 查看详细数据

选项	平均综合得分	比例
简约现代	3.66	
传统古典	3.42	
夸张个性	2.18	
新艺术运动	2.09	
可爱甜美	1.62	
巴洛克	1.31	
朋克	1	

第9题：对首饰材质的喜好 [多选题]

选项	小计	比例
贵金属（银、金等）	62	62%
合金（铜等）	29	29%
木质（檀木、桃木等）	37	37%
珐琅	47	47%
珍珠	34	34%
树脂	23	23%
锆石	34	34%
本题有效填写人次	100	

图4-42　问卷数据

四、元素提取

如图4-43，本设计以敦煌壁画中的飞天为主要设计元素，选用飞天形象最为完美的唐朝时期进行设计灵感提取，以胸针、项链、耳饰为主要设计部分，采用飞天中的仰天飞、反抱琵琶飞、侧身飞为主要参考姿势对其进行设计提取。尝试将敦煌飞天以较为现代的手法进行再设计，用几何形或者线条来表现飞天的动态，简化飞天壁画中的细节，将人物动态突出，以人物身上缠绕的丝带为主，凸显敦煌特色，吸引众人的目光，将传统的敦煌文化，以崭新的模样呈现给众人。

图4-43　飞天素材图

首先，对人物姿势进行第一次设计提取，如图4-44，尝试将提取的元素与简单的几何形进行结合，将人物动态以几何形式进行替代，设计的感觉稍有欠缺，整体设计过于简单。

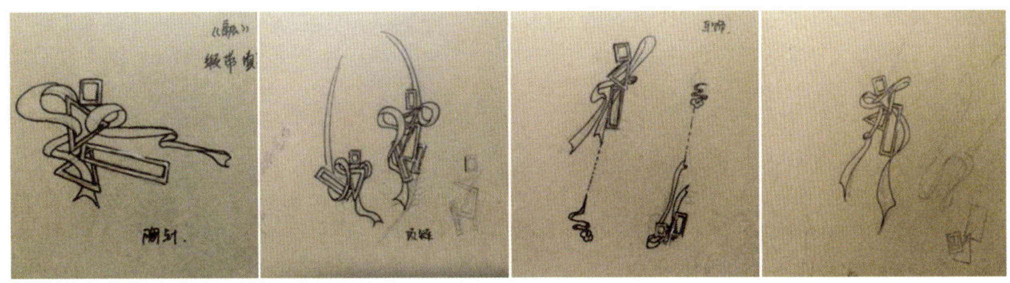

图4-44　第一次元素提取

接着，以飞天动态为主，以敦煌纹样为辅进行二次提取，如图4-45，参考壁画中人物的配饰、人物的神态以及人物背景里的装饰纹样、人物常用的颜色进行进一步的修改完善，在设计风格上进行微调整，提高视觉效果的整体性。通过元素与人物的结合，丰富首饰的结构，选出合适的纹样与人物动态进行结合，整体构图以大光盘的圆为底，凸显飞天的动感以及整体视觉的前后效果。在尝试几次以几何形态作为人物动态后，考虑到几何直线形会使其失去敦煌飞天本身的韵律，并且几何整体加上飘带显得过于烦琐和凌乱，因此将原有的几何人物形态转变成简洁的线条动态，使人物动态更贴近敦煌韵味，突出敦煌飞天的特点，以及本次设计的重点——飘带。

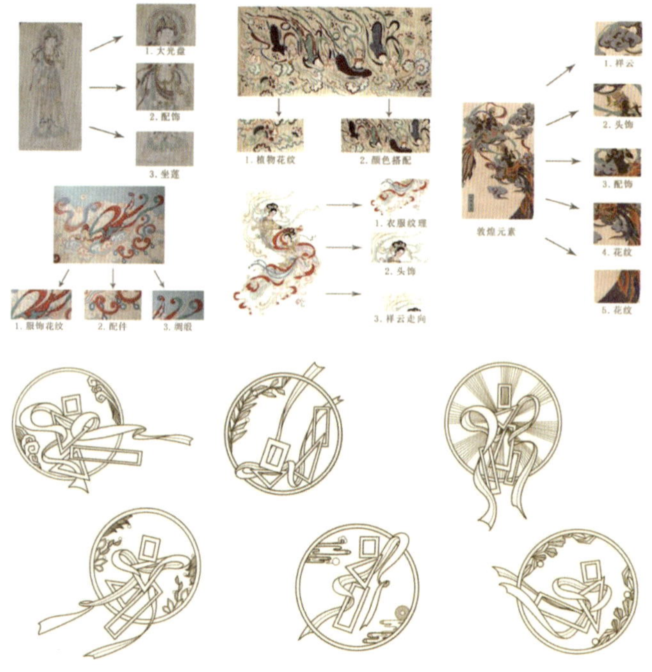

图4-45　第二次元素提取及组合

鉴于前两次的提取与变形无法完全满足设计需求，需要进行第三次提取与变形。如图4-46，本次选择合适的飞天姿势进行简化，提取重要的部分，将其他细节进行简化，对其人物进行整体的概括，突出人物动态的韵律感，在处理人物的时候考虑到唐代飞天的特色是人物体态圆润，面部神韵慈祥，所以将整体人物由之前的锐化进行圆润平滑的处理，突出人物体态的特点。

图4-46　第三次元素提取及变形

五、草图演变

如图4-47，经过之前的元素提取与组合搭配后，得出项链、耳环、胸针三件套的草图，并进行深化与微调整。例如，胸针的整体效果比项链的要突出，便对项链进行微调。整体视觉效果以圆形为基底，耳环的圆形结构使整体效果有些单一，容易产生视觉疲惫，尝试将耳环的外框换成正方形，打破圆形的束缚感，更有一种天外飞仙从窗外飞入的视觉效果，也让敦煌飞天一步步让众人熟知。

如图4-48，项链元素使用单一，使得项链本身的视觉效果较为单调，于是将项链的背景元素加以丰富，在原本的纹理上添加了云纹作为辅助，再用锆石与珍珠进行材质上的搭配，丰富其视觉效果，突出项链的主导位置；再对耳环进行外轮廓调整，将原有的圆形外框更替为正方形，使整套首饰的视觉效果更丰富，打破单一的形式产生的视觉疲劳。

草图二稿的项链比草图一稿的项链在视觉效果上丰富了许多，项链的特色虽然在调整之后有显著的提升，但作为主导部分还有些欠缺，再对项链进行细节调整以及元素丰富，突出项链的主导地位，丰富整套首饰的内涵及视觉效果，更加突出敦煌飞天的元素，使人物动态与元素进行更好交融。多次调整后，最终定稿。（如图4-49）

图4-47 草图一稿

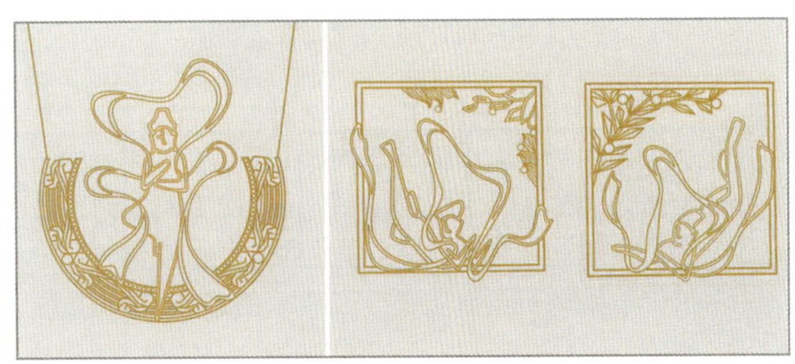

图4-48 草图二稿

图4-49 定稿

六、材料与工艺

根据表4-1的材料分析对比，与表4-2的工艺分析对比，本次设计以925银为基本材料，飘带的凹槽部分用珐琅加以填充，丰富的色彩还原了敦煌本身韵味，925银的部分将做分层电镀，人物背景元素做镀金的工艺，人物以及飘带做白金电镀，增加其光泽感，在纹理中用锆石与珍珠做点缀，丰富材质，凸显特色，达到强烈的视觉效果。

表4-1 材料分析表

材质名称	材质表现	材质特性
925银		延展性好，可锻性和塑性好，易于焊接和抛光
锆石		折射率高，光泽比较强，高双折射率，高色散和典型的光谱特征，稳定性好，色彩丰富
珐琅		具有宝石般的光泽和质感，耐腐蚀、耐磨损、耐高温，防水防潮，坚硬固实，不老化，不变质
珍珠		形状奇特，种类多；由大量微小的文石晶体集合而成，色泽光滑，常有美白功效的说法

表4-2 工艺分析表

工艺名称	工艺特性	工艺介绍
3D首饰建模		将平面的首饰图通过运用建模软件，转换为3D立体效果，能更好地看到首饰成品的效果
喷蜡		通过将3D模型导入喷蜡机器，直接形成首饰的蜡模，节省手工雕蜡的时间和工艺局限
金属分层电镀色		在同一件首饰上出现不同的金属色，丰富视觉效果，突出设计感

七、效果图与尺寸图

图稿以及材料与工艺确定之后，便可以进行效果图（如图4-50）与尺寸图（如图4-51）的绘制。本次方案以建模的形式绘制效果图，同时在绘制过程中进行色彩调整。

图4-50　效果图

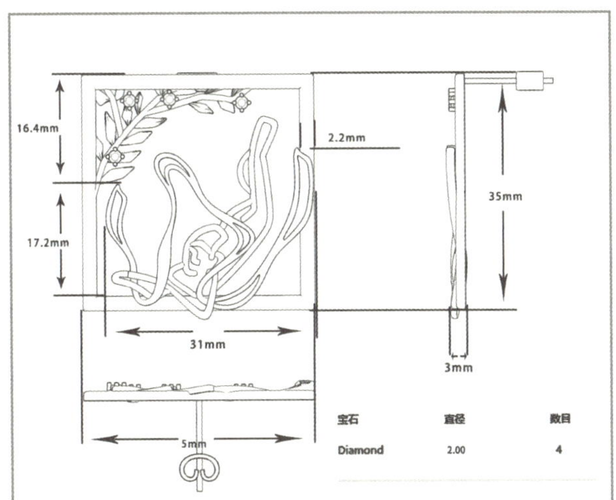

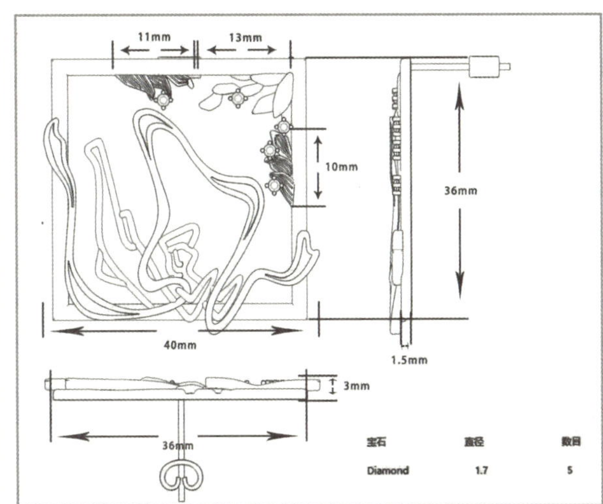

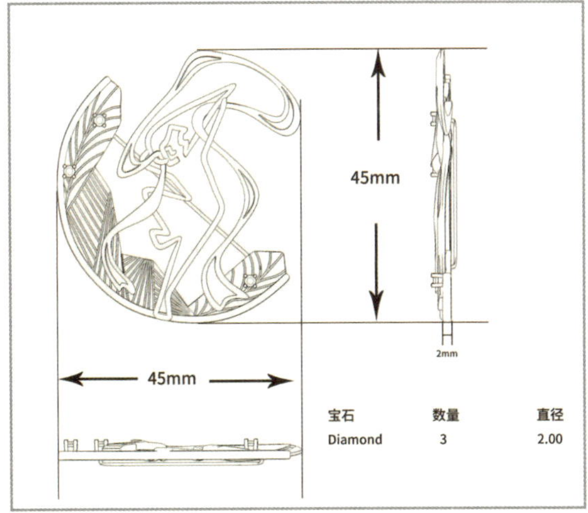

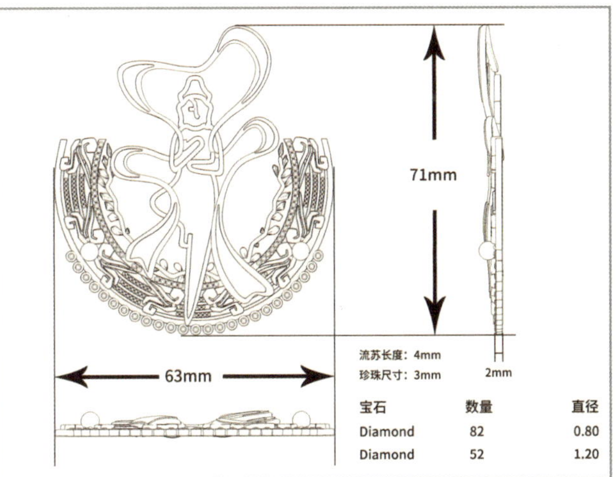

图4-51　尺寸图

八、实物制作

如图4-52，将建好的首饰模型导入机器进行喷蜡，将喷好的蜡模送去倒银厂，制成银版，并对其进行取水口、打磨、抛光等步骤。

如图4-53，进行细致的打磨，将银版放置超声波清洗，洗掉残留的抛光蜡，整体抛光之后进行锆石的镶嵌以及珐琅的填充。

如图4-54，珐琅填充后，进行低温烘烤和风干，再进行部件的焊接，做最后的镀色调整，达到预期效果。

图4-52 喷蜡、铸造、执版

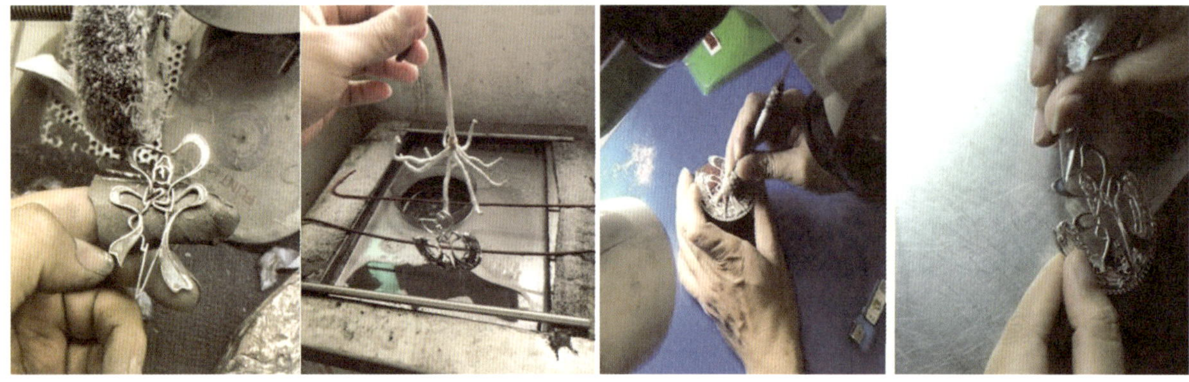

图4-53 进一步执版、镶石、填珐琅

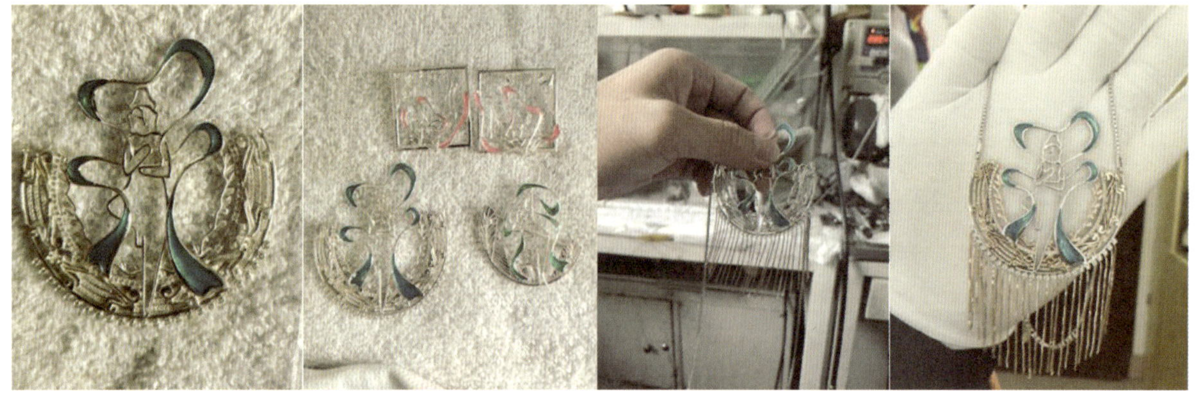

图4-54 珐琅烧制

九、成品展示（如图 4-55）

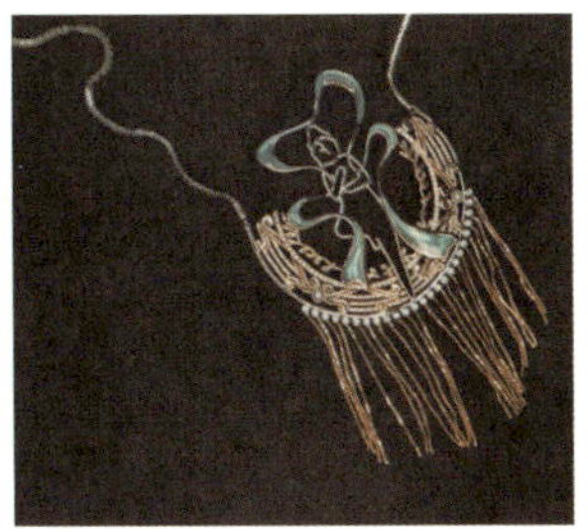

图4-55　成品

十、设计反思

本次设计从选题到方案的落实，经历了许多困难，也收获了许多专业知识，巩固了原本对首饰的认识与了解。在设计的过程中，提高了对元素提取的能力，收获了不同元素的提取方法。同时，对本次设计的主题——敦煌文化，了解得更全面，完成对敦煌壁画的了解，并将其元素提取进行再设计，注入现代设计的手法，对弘扬传统的艺术文化瑰宝有重要的意义。在实物制作的过程中，了解到从实物建模到实体模型的过程以及制作要求，在首饰制作的工艺上得到了更多的专业提点。

第三节　综合材料主题首饰套装实训案例[①]

一、灵感来源

“峰峦叠嶂连天漫，玉带飘飘舞丽裳。香稻层层掀碧浪，梯田片片闪金光。”梯田是大自然的馈赠与人民的辛勤劳作的完美融合，波浪式断面的田地是大地谱写出来的金色立体五线谱。一想到这，脑海就浮想出当地少数民族身上穿的绣满了层层叠叠刺绣的民族服饰，这些色彩斑斓的丝线“一缕深心，百种成牵系”，把层层叠叠的梯田通过丝线的美和陶瓷的美展现在首饰当中，呈现出别样的美感。如图4-56，通过从图书和网上获

图4-56　梯田照片

① 本案例来源于广州商学院艺术设计学院2011级李秋萍。

取关于梯田的文字和图片资料，再根据实地考察对梯田文化和梯田形态进行进一步的了解。

二、设计定位

本次设计材料为刺绣工艺与陶瓷材质相结合，采用镀金工艺制作首饰，用乌干纱做刺绣衬布，绣出抽象的梯田元素。首饰的设计风格为自然风格，从丰富多彩的梯田自然景色中获取灵感，通过泛着金波的层层梯田，表达清新质朴的大自然气息。通过刺绣与陶瓷之间的关系展现不一样的首饰设计，从而探索陶瓷首饰和刺绣工艺之间存在的可能性。

三、设计草图方案

如图4-57，确定材料与风格的定位之后，尝试进行初次的草图探索，将心中的想法尽可能多地记录下来。

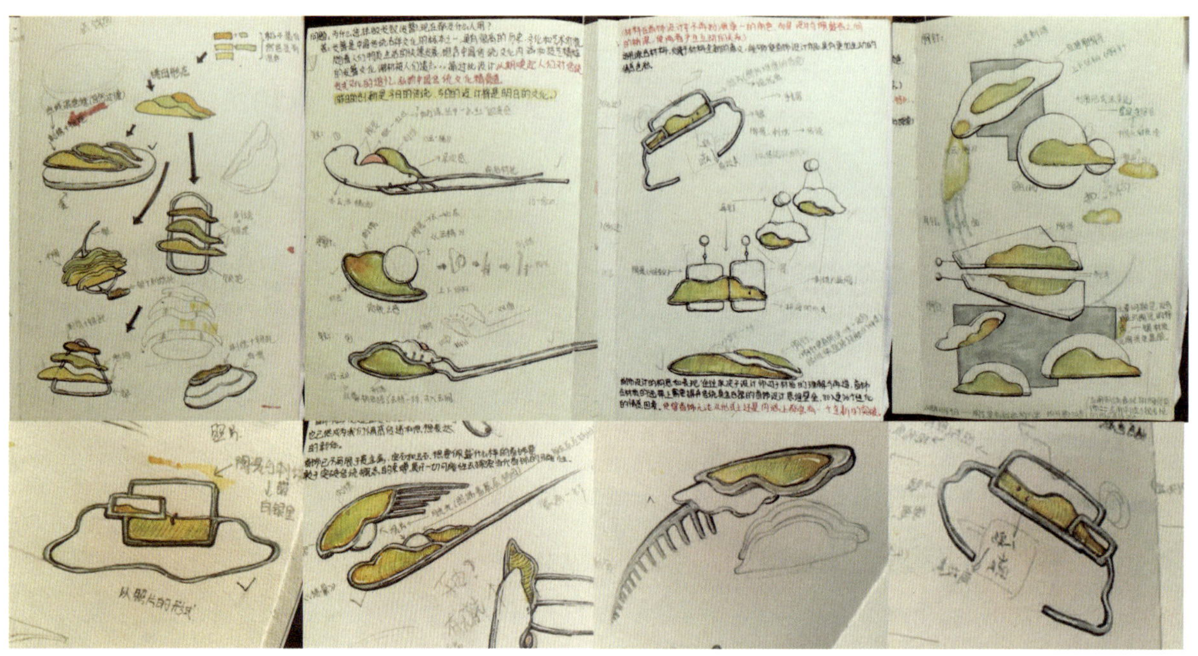

图4-57　草图探索

如图4-58，接下来是进一步的完善与凝练，胸针和发簪的形态来自梯田轮廓的抽象印象，色彩上吸取了秋天金黄色的稻田。陶瓷部分选用白色是为了衬托刺绣，也可以说它们之间是相互衬托。留白给人一种难以言说的意境之美，无形中给人制造了遐想的空间，使得画面更富有故事性。白色部分可能是在梯田之上游动的朵朵白云，或是清晨的层层薄雾等，它是贴近自然却又不失独有的色彩。草图部分使用

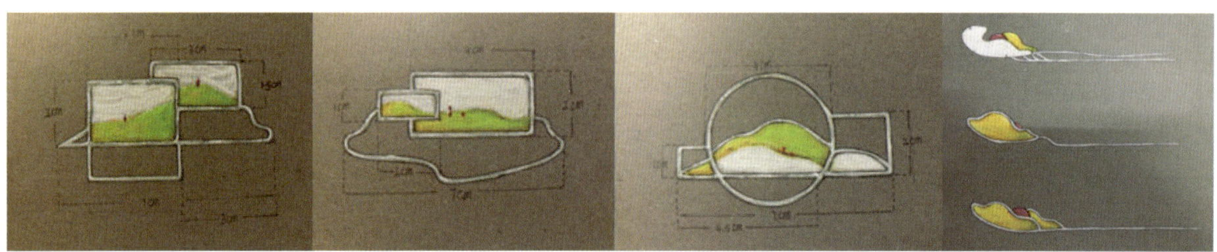

图4-58　胸针与发簪的方案

马克笔来描绘，在颜色都还没干的情况下不断加入别的色彩，目的是让色彩之间衔接得更为自然，让它接近稻田最自然的状态，即使在同一片区域的稻田，稻穗成熟程度受各种因素的影响而有所区别。

四、设计方案定稿

最终方案，选取了三个胸针和三个发簪绘制尺寸图（如图4-59），并制作成品（如图4-60）。胸针系列中，成品给人呈现的感觉就像是一张张相机里捕捉的画面——“我们看见美丽的风景总是欣喜地拿起相机拍下来，就为了记录这一瞬间，然后一张张照片呈现在我们眼前”；发簪系列中用红日作为刺绣的点睛之笔，就如同在梯田上缓缓升起的朝阳景象，时间总是在一分一秒地流逝。刺绣主要是亮色丝线，所以颜色较为艳丽，陶瓷部分没有太多变化，单纯留白或起点缀作用，设计上采用形式美法则中统一与变化的设计原则。

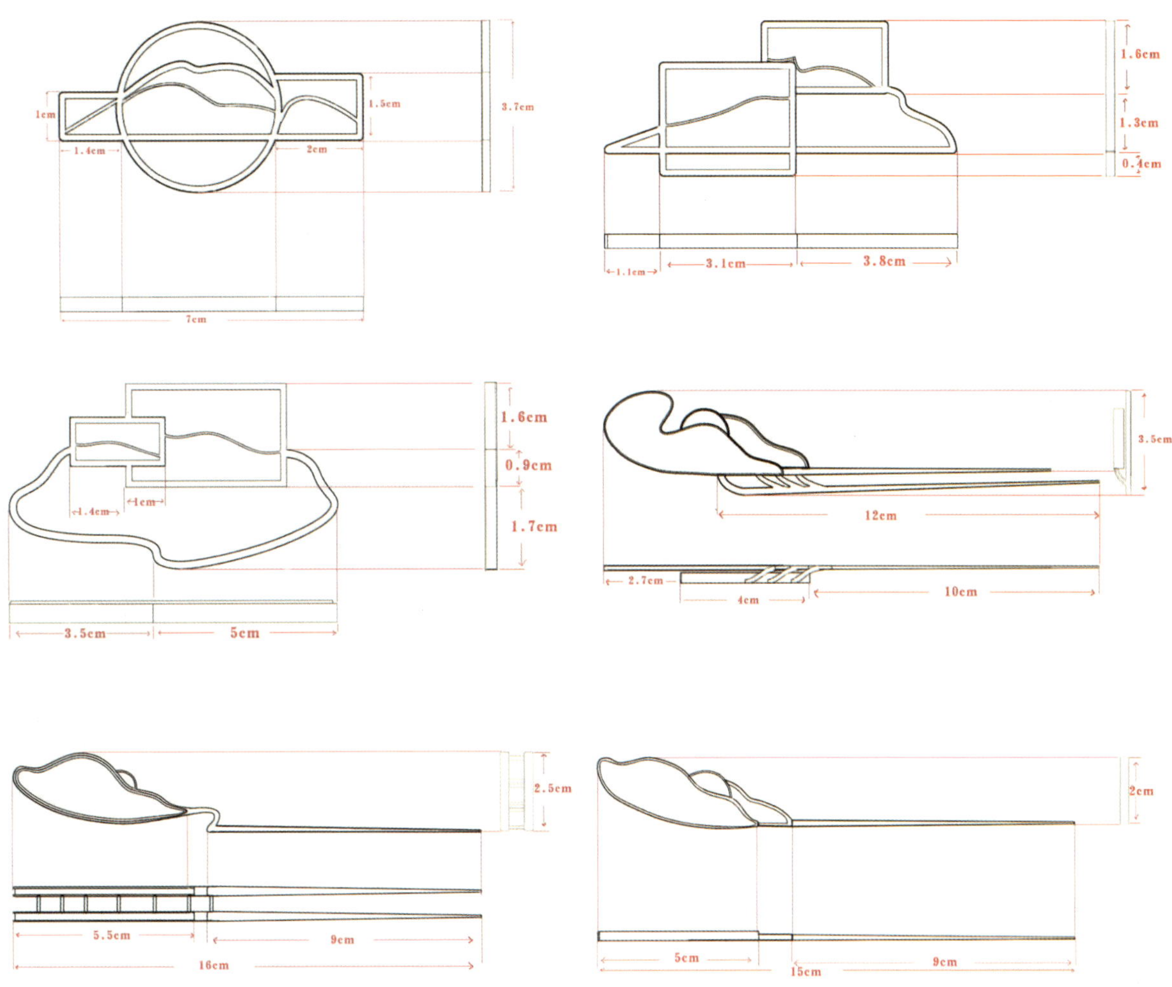

图4-59　胸针与发簪的尺寸图

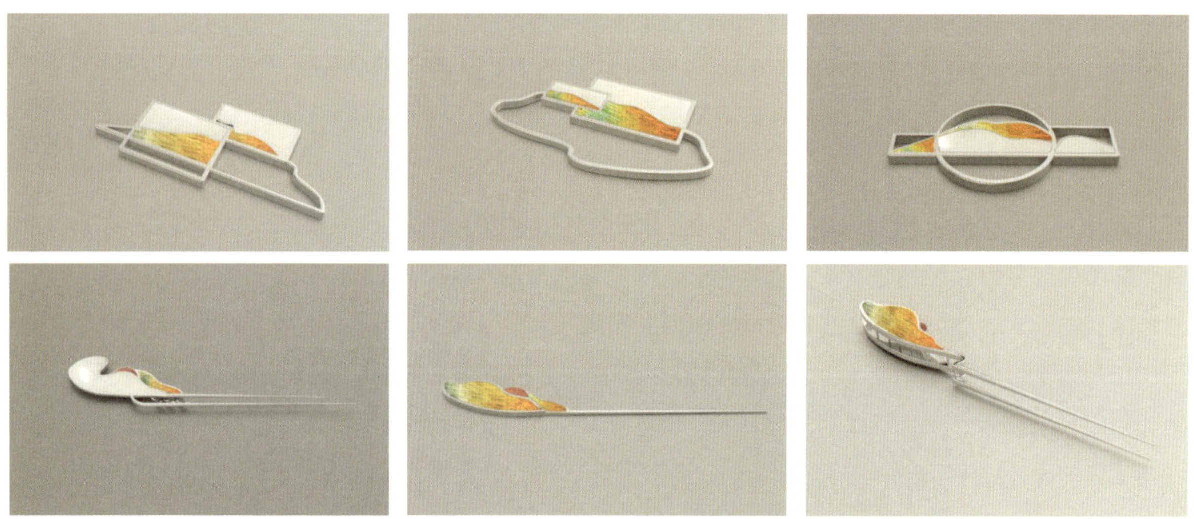

图4-60　胸针与发簪的成品效果图

五、作品材质分析

本次作品材质主要选用了白瓷、925银、桑蚕丝线。材料名称：白瓷。特性：硬度高，耐磨性强，抗氧化，胎质光洁、细密，釉面紧致。材料名称：925银，又称为“925国际标准银”。特性：强度及韧性好，熔点低，易于塑形且极具表现力，能加工成精细的款式。经过抛光的925银有极漂亮的金属光泽。材料名称：桑蚕丝线。特性：质地轻而细长，绣线光泽度好，手感滑爽，导热差，透气。

六、制作过程

如图4-61至图4-63，由于手工陶瓷在烧制的过程中无法做到尺寸十分精确，因此要按以下步骤制作。首先，进行陶瓷部分的制作。

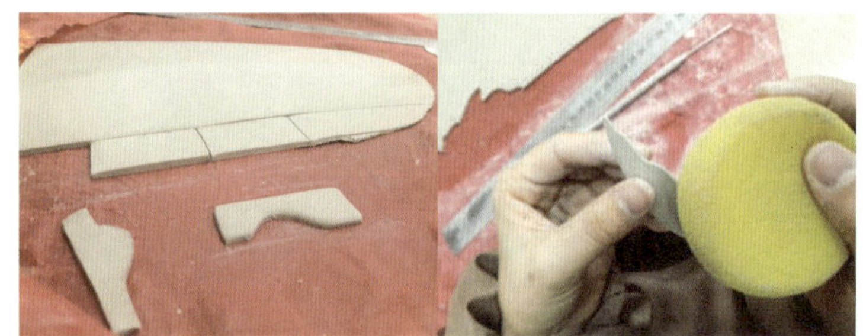

图4-61　切割修整细节

图4-62　晾干

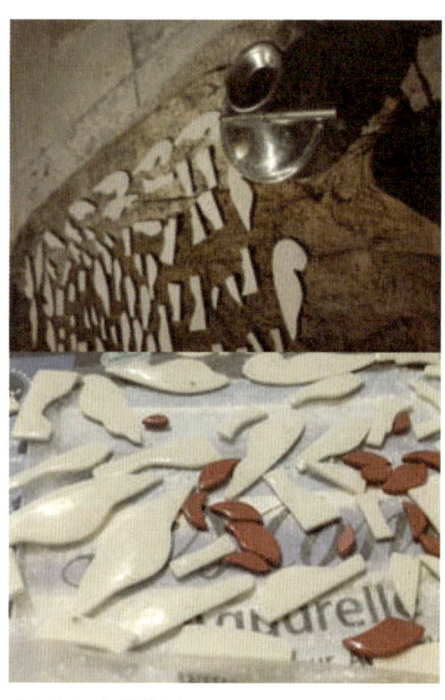

图4-63　上釉烧制

其次，进行刺绣部分的制作。绣线按照一定次序绣制，分层依次绣，沿图案绣出大体效果。刚买回来的乌干纱是已经上过一次浆的，再取两层乌干纱叠在一起，然后再次上浆，两层乌干纱叠加相当于上了四次浆的乌干纱，这样布料就会更硬挺一些，为了让乌干纱和浆更好地融合，上好浆的乌干纱还要静放十余天。（图4-64、图4-65）

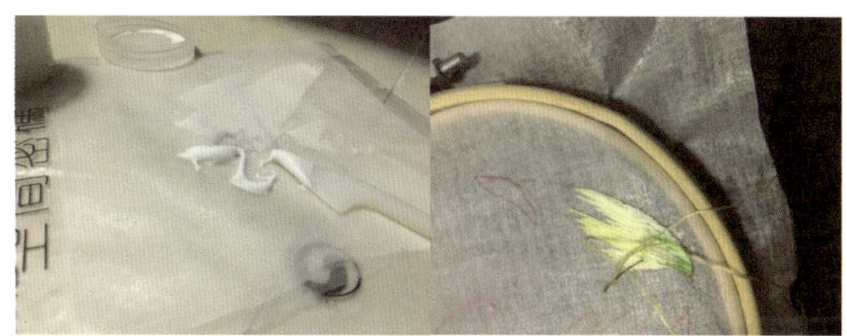

图4-64　乌干纱上浆与刺绣

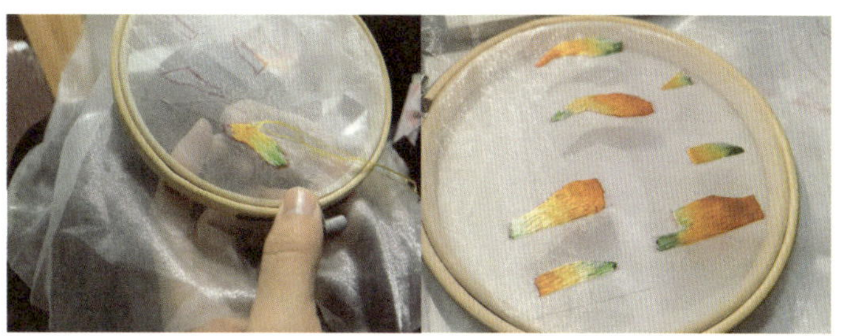

图4-65　刺绣部分的制作

然后，制作主体的银质部分。（如图4-66）

图4-66　银质部分的制作

最后，将陶瓷、刺绣以及银各部分配件进行组合。（如图4-67）将剪好的乌干纱绣片嵌入银槽，由于首饰银槽缝隙过于细小，所以只能使用细针作为辅助工具，慢慢地把绣片安入银槽中。这个过程需要十分细致谨慎，否则很容易导致绣片损坏，本次设计中的刺绣部分经过了多次的试验。

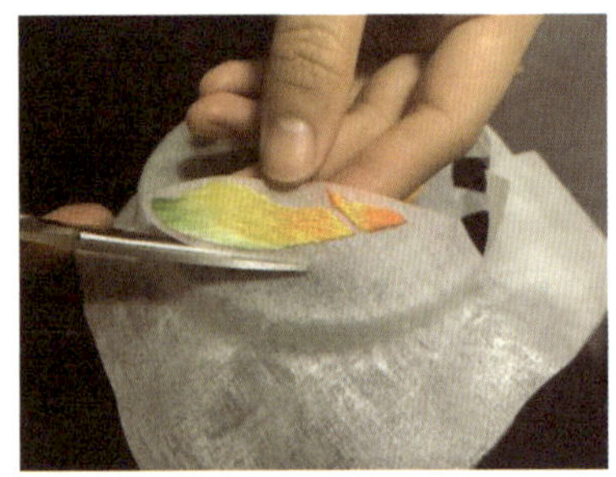

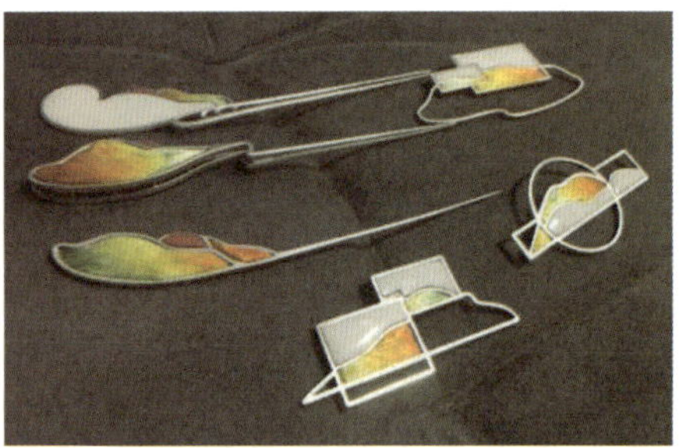

图4-67　组合配件

以下为成品效果。（如图4-68）

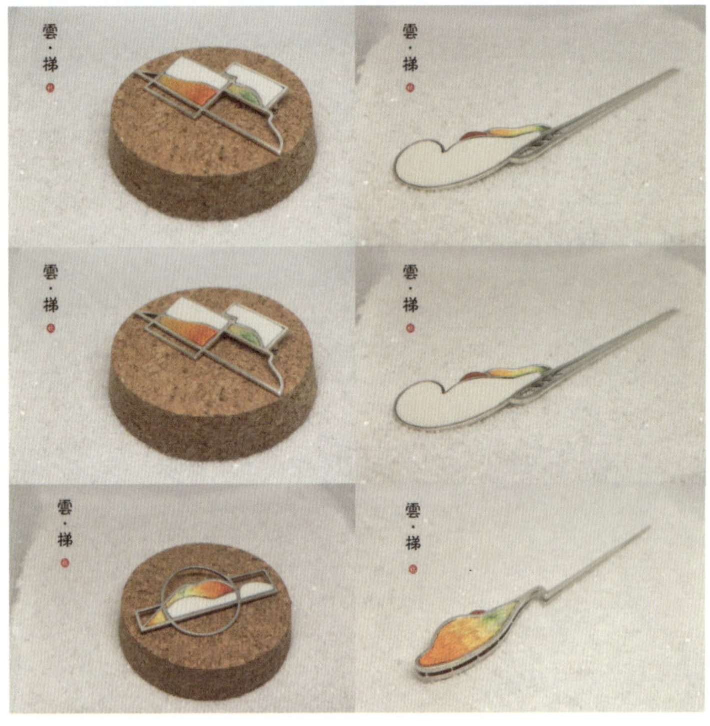

图4-68　成品展示

优秀作品赏析

《万物生长》（如图4-69）　李晓颙

指导老师：王俊煜

材质：纯银、瓷

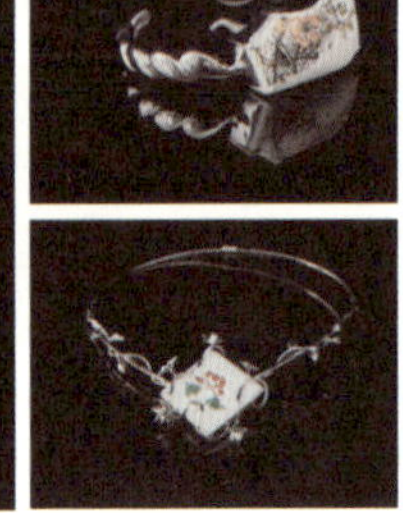

图4-69　《万物生长》　李晓颙

《生生息》（如图4-70）　阙慧琳

指导老师：潘梦梅

材质：羽毛、纯银、镀金、锆石

图4-70　《生生息》　阙慧琳

《竞》（如图4-71）　梁梓因

指导老师：潘梦梅

材质：纯银、锆石、珐琅

图4-71　《竞》　梁梓因

《兔影》（如图4-72） 刘晓楠
指导老师：潘梦梅
材质：纯银、锆石、珍珠

图4-72 《兔影》 刘晓楠

《哥特花窗》[①]（如图4-73） 潘宙
指导老师：罗冠章
材质：纯银（电镀）、锆石

图4-73 《哥特花窗》 潘宙

① 此作品版权已售，此处仅作为优秀设计案例欣赏。

《海底世界》（如图4-74） 林泳怡

指导老师：蒲艳

材质：合金、锆石、绿松石、珍珠（仿）

图4-74 《海底世界》 林泳怡

《琴瑟》（如图4-75） 袁美霞

指导老师：胥璟

材质：银（镀金）、石榴石、翠鸟羽毛（仿）

图4-75 《琴瑟》 袁美霞

《羊城八景》（如图4-76）　陈钦超

指导老师：胥璟

材质：银（镀金）、锆石、贝母

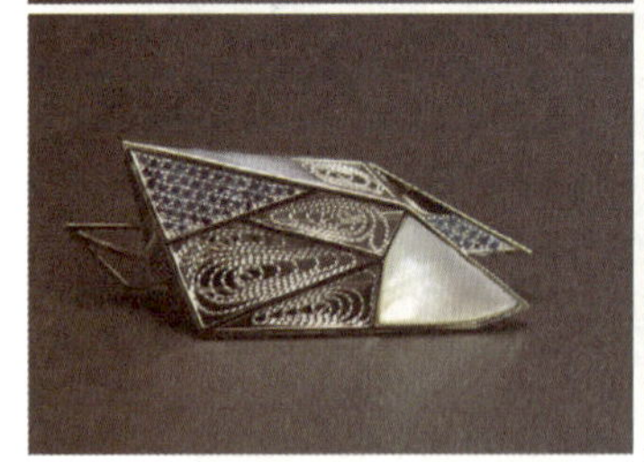

图4-76　《羊城八景》　陈钦超

《融》（如图4-77）　黄烨琳

指导老师：胥璟

材质：合金、珐琅、珍珠（仿）

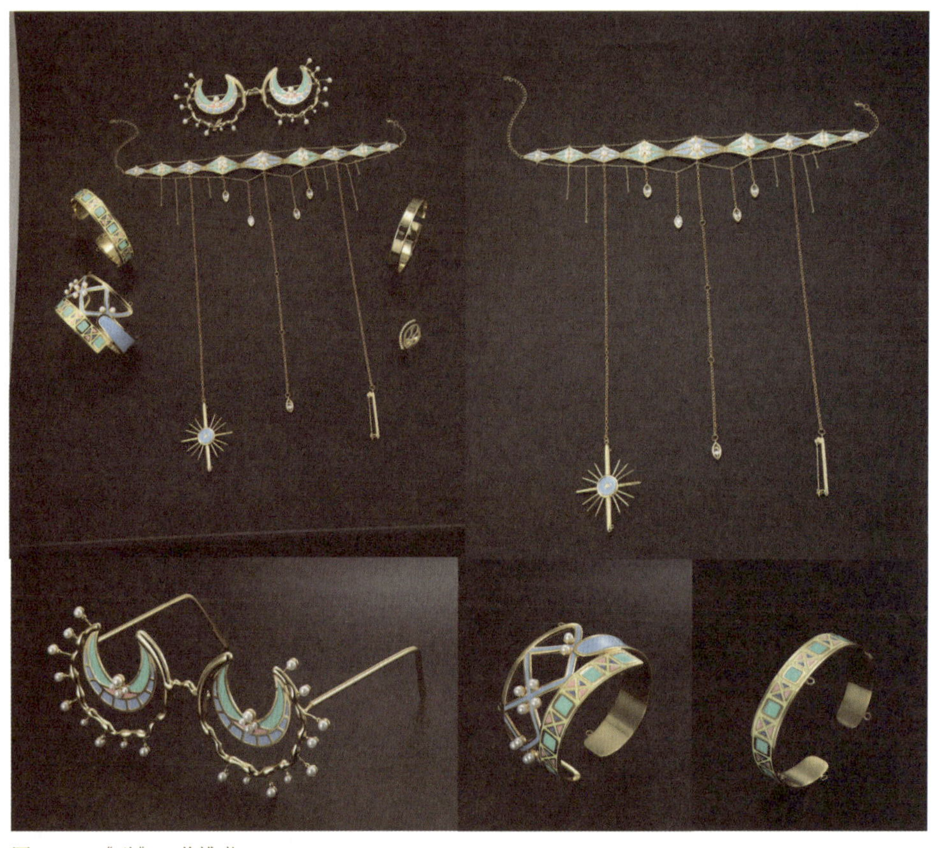

图4-77　《融》　黄烨琳

《郁金香开满我心》（如图4-78）　胡益雯

指导老师：胥璟

材质：树脂

图4-78　《郁金香开满我心》　胡益雯

《竹岩》（如图4-79）　岑裔禄

指导老师：胥璟

材质：银、竹、树脂

图4-79　《竹岩》　岑裔禄

第五章

首饰产品的市场检验及发展趋势

章节前导 Chapter preamble

课程重点：

了解首饰设计的发展趋势。

课程难点：

对多元化设计的了解和把握。

课堂建议：

条件允许的情况下，建议设计师多接触市场，在销售一线与消费者正面接触，直接收集相关的建议与反馈。

第一节　市场检验与设计反馈

学生作品设计制作出来，如何对他们的作品进行科学合理的评价呢？传统课堂中主要采用教师评价给分的方式进行，对于实践性很强的首饰设计来说这明显是不够全面的。首饰设计直面市场，让市场来对其进行检验评价无疑更科学。

一、创意市集的反馈

创意市集的英文名称为“i-Mart”，包含了双重含义，既有代表“idea-Mart”，即“点子市场”的意思，也有代表“i-Mart”，即“我是艺术”的意思。2004年，在伦敦中央圣马丁艺术学院攻读硕士学位的中国台湾设计师王怡颖周游英国，走访Spitalfields集市和Portobello跳蚤市场时，访谈了一些在市集设摊的人。为了形容用于这些自由前卫的设计师交流、交易自己无限创意和创意产品的聚集平台，王怡颖首创了“创意市集”的概念，并在2005年出版了同名著作《创意市集》。“创意市集”的一般概念是指在特定的时间，由政府或民间等部门为热衷创意的人们提供一定场地来展示、贩卖限量制作的富有创意的小型日用品、设计制品和文玩品的街头摊位市集。

创意市集是在文化创意产业发展到一定阶段后的产物，逐渐成为设计新锐和艺术家拓展事业的新起点。创意市集门槛较低，受众面广，作品形式丰富多样，更易被大众接受，因此它可以为艺术从业者们提供更开放和更多元的创作、交流与交易平台，鼓励创新、创意、创造，实现设计创意产品的商品化。目前，创意市集最主要的形式就是街头的摊位市集，众多年轻人低价租得后摆卖自己的创意设计品，逐渐成为年轻人聚会的“嘉年华”。

英国伦敦，法国巴黎，日本东京，泰国曼谷，德国柏林，意大利米兰、都灵，荷兰阿姆斯特丹，西班牙巴塞罗那，甚至国际著名创意展会中，均辟出专门场地来举办创意市集。创意市集正成为一个城市新型文化展示的标志，也将成为一种旅游的资源，吸引着来自全世界人们的关注。

创意市集登陆中国是在2006年，2007年6月中国国内第一次举办了创意市集。从北京、上海、深圳、广州到武汉、厦门、重庆，全国各地都有自己的创意市集。逛创意市集已然成为一种时尚，去创意市集的除了爱看和购买创意商品的客人，还有不少是寻找灵感的设计师、关注创意市集发展的媒体人。创意市集不仅展示了创意人的才华，也展现了一个地区乃至国家创意文化的进程，其内涵和外延值得我们深思与关注。

创意市集参与门槛较低，所以非常适合学生群体的加入。目前创意市集已成为国内大学生展销原创个性化作品的平台，也是学生实训作品转化为市场价值的重要渠道。北京、江苏、山东、福建、湖北和浙江的不少高校都纷纷举办创意市集或相似的活动，如北京服装学院的“首都大学生创意市集”、常州纺织服装学院的“百草根商贸市集”、山东大学齐鲁软件学院的“校园市集”、湖北大学的“KAB创意市集”、温州大学瓯江学院的“校园市集”等。这些市集发展态势良好，均多次举办，不仅丰富了校园生活，且逐渐形成一定规模，已成为校园创业模式的特色标志，对孵化大学生创业团队具有启示性作用。“首都大学生创意市集”作为新时代首都大学生彰显青春、挥洒创意的重要舞台，已连续举办十届。2020年10月16日，由中共北京市委教育工作委员会、共青团北京市委员会联合举办，北京高校学生工作学会和共青团北京服装学院委员会共同承办的第十届首都大学生创意市集以“云享创意汇·共创未来美”为主题，旨在通过技术革新与模式创新，提升青年学生创新创业热情，在实践中不断提升发现美、享受美、传播美的能力，用自己的无限创意展现首都高校大学生的青春风采。

考虑到疫情防控常态化，也为了充分发挥新媒体平台在创新创业活动中的独特作用，本次创意市集首次采用线上模式与阿里巴巴原创保护平台及“淘宝手艺人”开展合作，通过扫码登陆平台体验店铺进行售卖。有北京服装学院、中国传媒大学、北京工业大学等近60所知名院校的大学生携梦而来，共搭建线上店铺100余家，展品上万件，涉及平面艺术、服装服饰、插花装饰、金工雕塑、非遗传承和科技发明等众多类别。如图5-1，琳琅满目的创意作品吸引了众多来自高校、企业、媒体和社会各界人士的关注，充分展现了当代大学生的创新风采、创意思维、创造能力和创业意识，增加了创收，提升了学生实训作品创作的热情，提高了学院的社会声誉，推进了地方文化创意产业的发展，已逐步成为促进北京地区高校大学生创新创业实践和全面成长成才的重要平台。

设计作品有其自身的艺术价值和商业价值，但对于学生们来说，这个价值却不好准确估量。首饰作品的价值，既有创意、材料、精美度等表面价值，更有文化底蕴、寓意内涵、设计者身价等深层次因素的影响，因此准确评估作品价值需要丰富的经验和扎实的知识体系，而这些正是学生们的弱项。创意市集的交流性质为经验积累带来了巨大的便利，无论是自发前来的藏友还是特邀的专家，在对一件作品点评的同时，透露了其本人对设计作品理解的深度与广度，也有对作品价值点的考量，这些信息都可以成为学生了解设计作品价值评估方法的借鉴。这些作品评价方法的掌握与积累，为学生未来从业打下了坚实的基础。从学生自身角度，学生可以了解作品的价值点所在，可以在今后的艺术创作中有针对性地提

图5-1　创意市集作品

升作品价值，出优品，出精品。从品鉴角度，通过创意市集对作品的评估，掌握对艺术作品评估的准则与评定方法，可以培养学生的艺术眼光，提升鉴赏能力，也是工艺美术作品品鉴水平的实践提升。因此接近于实战的创意市集，弥补了院校教学没有作品价值评价的空白，在一定程度上为学生对作品价值评估的提高指明了方向，实现了院校与市场的接轨，这也是协同育人模式与培养全方位人才的意义所在。

创意市集是一个市场，也是一个交流的平台，参与市集活动的有学生、老师，还有各类创意产业的从业人员，可以说，一次创意市集就是一次创意产业的大集会。在这个集会中，思想的碰撞和思路的启发更甚于作品的交换。如图5-2，学生们在参与创意市集的过程中，能否向别人正确地表达自己的设计理念和设计特色，涉及的其实就是学生的表达能力、交往能力和营销能力等非专业技能，创新人才的培养重点正是对学生综合能力的培养。

图5-2　广州商学院首饰设计工作室参加深圳珠宝展

市集上的每一件作品，凝聚着创作者的心血，都有其闪光之处，市集结束之后导师集中进行点评、讲解，给予学生正面的指导与点拨，才能更好地实现学生的全面提升。

二、校企合作的助力

校企合作，是基于学校与企业各自优势与不足而建立起来的一种合作模式，校企合作注重人才培养质量，注重在校学习与企业实践，注重学校与企业资源、信息共享的“双赢”模式。

在校企合作背景下，学校与校外企业之间的合作加强。学生们能够有更多机会到饰品设计公司观摩学习，甚至在条件允许的情况下参与企业的首饰设计工作，从而开阔学生的眼界，发散学生的设计思维，锻炼大家的实际操作能力。此外，学生们还有更多机会到珠宝首饰零售店参观学习，充分了解时尚流行趋势以及大众对于珠宝首饰的喜好追求，让学生们可以体会来自市场的真实需要，在设计作品时不带有主观意识色彩，而是将首饰作品商品化，顺应市场需求。

校企合作有多种形式。来自企业的真实订单项目教学对提高学生的实践能力有极为重要的作用，通过校企合作，将企业真实工作项目植入课程，改革课程教学内容，设置层级，设置单元任务，组织实践教学，学生通过实际动手操作完成设计作品。学生全程参与整个过程，要面对客户和加工工厂，接受企业负责人点评和自身学习感知评价，锻炼自己的手绘能力、与人交流能力、金属加工和镶嵌工艺技能等，通过多次实战锻炼，可以有效解决学生理论知识与实践应用脱节的问题，体现出“参与、合作、体验、探究”为特征的发展性学习特点，学生们也会一次次检验自身的不足，提升自主学习的动力。

有针对性地组织学生参与国家级、省部级以及行业协会举办的各类首饰和珠宝设计大赛，学生们同时得到专业教师和企业导师的指导，以赛促学，在各类比赛中不断提升设计创新能力，通过参赛过程和结果也能对自己的设计成果进行充分检验。

第二节　首饰设计发展的趋势预测

现代社会文化极大地影响了现代首饰设计，首饰设计呈现出新的发展特点。

一、首饰设计多元化

1. 材料和加工工艺多样化

（1）首饰材料多样化。

传统首饰以金、银等贵金属和宝石为元素，代表着权力和财富，彰显着身份和地位。随着社会等级界限的模糊，物质生活的富裕，现代人有能力重视精神领域，不再把首饰单纯地看成财富象征与交换中介。材料的种类、成色、尺寸、重量、品级，以及工艺的细腻繁缛与否、复杂精细与否等都不再是最重要的评价标准。现代首饰设计师开始把更多的关注点放在个性化、创造性、奇特性与文化品位、形式效果上，首饰本身的视觉审美如材质、色彩和造型等的探索和实验。此外，设计师和公司品牌也是一件首饰受欢迎与否的重要衡量标准。

20世纪中期起，当代首饰艺术兴起于欧洲，以德国、荷兰和英国等为艺术中心，首饰材质越来越多样化，铝、塑料、橡胶、纸张、玻璃、纺织纤维、石材、贝壳、羽毛、动物的骨骼标本和废旧物品等都开始被用于首饰制作中。

如图5-3，美国珠宝首饰设计师Arline M. Fisch（爱莲·费雪）运用编织的技法加上多彩的线材料制作首饰，摆脱了金属首饰色彩单调、冷淡的首饰风格，使首饰整体感觉轻盈自然、色彩青春浪漫，给人春风拂面的清爽感觉。

如图5-4，Pawel Kaczynski（帕维尔·库琴斯基）设计了一款褶皱效果的手镯，把织物面料中可塑性极强的褶皱效果应用在首饰设计中，利用延展性较好的银压成薄片，层层叠加出褶皱效果，冲破了首饰坚硬的金属感，使首饰充满织物的柔软细腻般的质感。再用电镀附色成外蓝色内玫红色的色彩，整个首饰充满了茂盛的生命力，神秘感十足。

现代新型材料的特点也给首饰设计师提供了更直接、更简练的创作手段。如光纤材料的可塑性很强，有着发光发亮的特点，同时很容易被弯折。许嘉樱创作的光影首饰就采取了光纤材料，多个材料发光点相互叠加而生出美轮美奂、光影斑驳的艺术效果，给人以柔软、舒适的视觉感受。

如图5-5，1973年，Bakker（巴克）设计了一款特殊的“隐形首饰”，用一根细细的金丝改变了人们对首饰的概念，金丝被紧紧箍在手臂、腿、腰甚至胸部，完全勒入皮肤中形成痕迹，接着设计师收起金丝，只留下身体的痕迹，直至它消失。

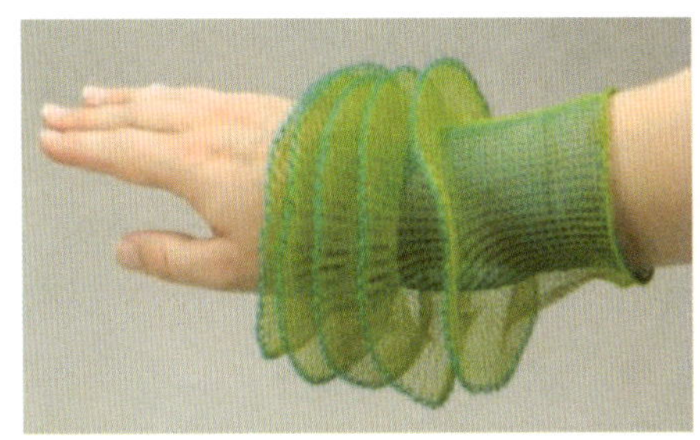

图5-3　Arline M. Fisch的作品

图5-4　Pawel Kaczynski的作品

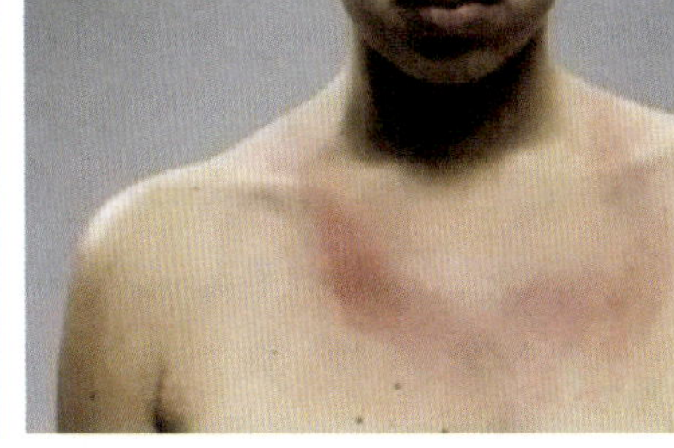

图5-5　Bakker的作品

（2）首饰加工工艺多样化。

因为使用材料的多种多样，首饰设计加工工艺也呈现出多样化的态势。

①传统手工艺。

在传统首饰制作特别是贵金属等传统材料加工方面，传统手工艺一直处于主导地位，如黄金和白银的制作，花丝工艺的运用等。

②现代机器加工工艺。

在现代首饰制作特别是新材料运用方面，机器加工更胜一筹，对不锈钢、铂金等硬度较大的材料而言，手工艺加工远不如机器加工的效率和质量高。

③3D打印技术。

3D打印技术是近年来兴起的一项足以颠覆整个首饰加工行业的技术，提高了生产效率。3D打印技术可以让原本通过手工艺和机械加工难以获得的首饰造型变成现实，使原来较难实现的加工工艺变得更加容易，天马行空的想象和设计都有了实现的可能，不管是在技术方面还是工艺方面都带来了极大的革新。

2. 设计形式多元化

科技发展带来了现代通信、交通和传媒的革命，现代信息化首先导致跨种族、跨文化交流的日益频繁，知识更新频繁，人的知识面更加宽泛，人们也希望通过现代首饰来表现这种知识的拓展。

伴随着流行颜色、流行服装、流行歌曲等社会文化的流行性影响，科技潮等流行化局面不可避免地出现在现代首饰设计领域。而同时深处大都市的人们很容易迷失在世界大同的潮流里，逐渐丧失自我，需要重新捡拾丢弃的传统文化，重寻心灵居所，因此对传统文化的继承与发展也成为现代首饰的重要课题。加上交通技术的发展，信息技术的发达，世界各地的信息交流越来越便捷，首饰风格越来越丰富，越来越多元化。龙是中华传统文化中的四灵图腾之一，只要看到有关龙的图腾，自然会联想到神秘的东方文化。汲取天地之灵气，再加以非凡的创意和完美的工艺，便制作出

图5-6　龙形镶钻坦桑石铂金项链

了具有中国特色的龙形镶钻坦桑石铂金项链（如图5-6）。除此之外，流苏的设计风格，也同样具有东方气息。中国古代，流苏被叫作“步摇”，是附在簪、钗之上的一种金玉装饰，诗人白居易就曾用“云鬓花颜金步摇”来形容婀娜的女子。

当代首饰艺术家们还尝试着去做一些动态首饰。如韩国艺术家Dukno Yoon创作了一系列运动机械首饰，每一件作品都会伴随着关节的运动而动起来，首饰从静态展示转变为动态展示。

3. 首饰设计的人性化

当社会经济水平发展到一定程度时，消费者就会对首饰产生更高的要求，除装饰外，还承载着心灵的、精神的和文化的需求。现代信息化使自媒体进入千家万户，人们不再以艺术还原生活为目的，而是更多地以深入人性、展现人性、抚慰人性为标准，这就需要现代首饰具有人性化的特征。“人性化设计”由美国计算机和心理学教授唐纳德·诺曼提出，在他20世纪80年代的《日常事物的心理学》一书中，他提出设计者的任何设计任务都必须从消费者角度出发，以消费者为中心。

首饰与人微妙的关系使人们关于首饰的探讨日益离不开人的身体和情感。现代首饰设计艺术不只满足于简单而传统的装饰意义与象征意义，更重视传达人的精神、表达人的内涵等。它作为可穿戴艺术依附于人体而存在，人在佩戴的过程中，赋予首饰以内涵以及它所特有的佩戴意义，使其产生的精神更生动，更富有生命力，人也因佩戴符合个人气质、个性的首饰而具有一定的个人魅力及趣味性，由此唤起首饰与人在形态和内涵上由内而外的精神共生感。人因佩戴首饰而彰显自己的个性与独特的个人魅力，首饰也因人的衬托而产生一定的佩戴意义。因此在首饰设计中针对不同的具体对象都有着不同的设计特征，佩戴者的年龄、性别、身高、体貌和喜好等特征都成为设计师在设计过程中需要参考的设计因素。

中央美术学院的滕菲教授在国内率先提出“首饰为个人量身打造”的概念，即首饰是为个体量身打造的一种富有个性化的艺术品。在她看来，首饰是一种精神载体，是人与人交流沟通的桥梁与媒介。这使她在创作中，始终秉承从个体出发，让首饰成为联结个体生命与思考轨迹、精神需求，富有温度的艺术品。

如图5-7，《对话与独白》是中央美术学院滕菲教授为缪晓春、方立钧、岳敏君等当代艺术家量身定做的一组饰品。这一系列首饰设计作品在2004年第十届全国美术作品展览上摘得桂冠，这在全国美展可以说是破天荒的事情。

艺术家刘雪茜在《Hello龙骑士》中加入声音感应装置，当有人经过或靠近作品时，感应装置就会被触发，作品内部就会发出“Hello”和“你好”的声音，与周围的人产生互动。

图5-7 《对话与独白》 滕菲

4. 首饰设计的功能化

随着技术的发展和人们需求的改变，也开启了功能性首饰设计的快速发展之路。进入21世纪后，各种高科技成果如微型芯片、传感器技术的应用使得功能性首饰呈现快速发展，如MP3播放器项链、运动监测项链、蓝牙耳饰、穴位理疗手镯等都是现代科技与人们对首饰的需求相结合的产物。

功能性首饰在材料上大多使用了不同于传统贵金属和宝石的材料，如合金、天然植物、碎瓷片、绣片和特殊人工合成材料等；强调首饰的多种用途而不仅仅是装饰作用，如一款多用、智能穿戴、治疗性首饰等，结合了科学技术的研究成果并加以应用；具有较强的实用性，与日常生活、医疗保健等紧密结合，如钟表挂件、颈椎病治疗项链、MP3音乐播放项链等。

功能性随着人工智能的兴起，智能穿戴设备出现并强烈冲击着传统珠宝首饰。传统首饰顺时而变，以微电子技术为代表的智能技术应用于传统的珠宝首饰，使珠宝首饰具备一定的功能或属性，如健康管理、消息提醒、娱乐和酷炫的效果，通过软件程序支持以数据交互、云端交互实现强大的功能。如，飞利浦公司推出的情感探测项圈（Emotion Sensor）可以监测人体生理电信号的变化，并以不同的颜色代表不同的心情；施华洛世奇推出的“仿水晶身体监测器”，可计算行走步数、消耗的卡路里以及睡眠质量。

2015年10月，国内第一个智能珠宝品牌TOTWOO时尚智能珠宝将《绽放》系列智能首饰推向市场，包含了智能吊坠和智能手镯，从外部设计到内部结构以及功能均达到世界智能首饰领域的较高水平。2017年5月，TOTWOO品牌的《勇敢》系列推向市场，最为亮眼的功能是可以通过敲击首饰向爱人和紧急联系人同时求助。Garmin（佳明）2020年推出智能运动手表Venu，在功能方面，内置超过20种室内外运动模式，支持“全球定位系统+全球导航卫生系统”双星定位，防水深度达50米。它首次搭载了屏幕动画指导功能，可将多种室内运动课程导入腕表。

苹果手表、苹果眼镜、谷歌治疗仪和听诊器等可穿戴智能设备的共同优势为现代首饰设计和人们的生活提供了便利，未来首饰设计艺术会更多地向科技化迈进，智能首饰将会更加注重产品的创新设计，以人为本，兼顾用户的审美与功能诉求，既有标准化的公共诉求，也有能够体现细分市场客户群体的个性化特征。

5. 首饰设计的可持续化（保护环境和生态的绿色设计）

随着人们对工业化危害的认识，旨在保护生态环境的“绿色设计”也成为设计界关注的话题。而环境污染、生态失衡、资源浪费、交通堵塞这些工业发展所造成的直接影响，也迫使人们在对现代设计整体反思的基础上，开始对设计发展趋势进行思考。

绿色设计又叫生态设计、环境意识设计，于20世纪80年代末出现。产品的绿色设计是通过产品的设计减少对环境的污染以实现社会和经济的可持续发展。绿色设计要求在设计产品时必须按环境保护的指标选用合理的原材料、结构和工艺，在制造和使用过程中降低能耗和毒副作用，其产品拆卸和回收的材料可用于再生产。

珠宝首饰的绿色设计要考虑环境、资源和能源等方面的综合因素进行设计，是一个系统性的设计过程。

很多国际珠宝首饰大品牌的设计理念就是绿色主题，内容也取材于大自然，如卡地亚的“动物”主题系列，梵克雅宝的《海洋》主题系列等。选用以“绿色环保”为主题的首饰设计，通过形态、色彩、肌理等方面直接传达给消费者信息。

在材料方面也更多地选择绿色材料和再生材料。珠宝首饰设计中所选用的真正绿色材料是符合可持续发展战略和生态设计要求的。如人工合成宝石、树脂、合金等被广泛应用，粉末冶金技术回收金属进行再利用等。

6. 首饰与其他艺术设计的边界被打破和重建

有别于传统手艺人，现代首饰设计师将审美性视为第一诉求，现代意识与现代技法的把握是他们成功的必要条件。建筑师、产品设计师、家具设计师、时装设计师的参与，更是丰富了首饰现代价值的多元性与独特性。首饰与绘画、雕塑等多种艺术形式结合，探索新的材料、工艺和展现形式，不断模糊首饰的身份。首饰概念的边界也在不断被拓展和跨越，成为一种全新的艺术形式。

雕塑、绘画和建筑等各领域都有大师们对首饰设计艺术有过重大贡献，西班牙画家达利超现实主义《红唇》以及美国雕塑家亚历山大·考尔德的构成主义活动首饰都是经典的跨界艺术创作行为。

在雕塑家们看来，首饰与雕塑有着不言而喻的相通之处，按照创作手法可将雕塑分为具象雕塑、抽象雕塑和意象雕塑，首饰设计也可被分为具象首饰、抽象首饰和意象首饰，因此在创作方式和创作理念上，二者有着共同的妙不可言之处。首饰作为微型雕塑，其表现形式、创作理念与雕塑有着共通之处，因此雕塑的创作技法为我们首饰艺术创作提供了更多的创意思路与创作手段，相同的形式语言的运用是对学科交叉所产生的灵感的最好诠释。

建筑设计师将建筑的框架结构运用到首饰艺术创作中，让首饰艺术创作有了空间结构的意识。建筑戒指有着悠久的历史，曾是犹太人传统的婚戒造型，它还承载了无限神秘的传说，是宗教风俗的神圣器物。

日本著名建筑师隈研吾，多次斩获国际建筑大奖，享有极高的国际声誉。隈研吾曾携手设计大师大村真有美女士，合作推出珠宝设计系列。

《竹の家》（如图5-8）。

取材中国传统毛竹，打造了一个仿佛与世隔绝的人间仙境。取竹子的线条之美，做成饰品，最能引起国人的审美共鸣，竹子清雅淡泊的气质令人神往。

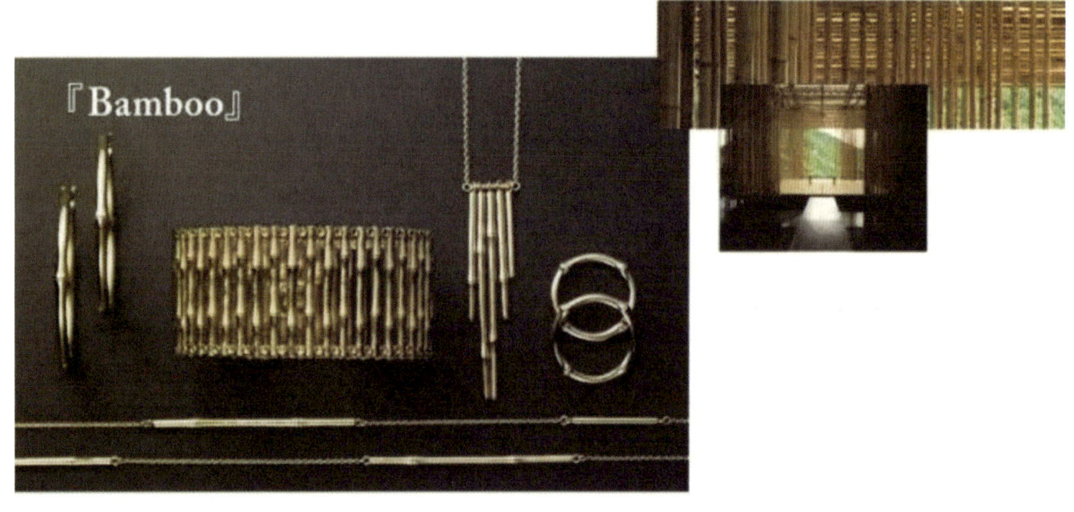

图5-8　隈研吾、大村真有美的作品

SOHO（如图5-9）。

我们都熟知的这座建筑，同样出自隈研吾之手，现在它们也变成了首饰的雏形。

图5-9　SOHO元素的作品

丹麦珠宝品牌Georg Jensen（乔治杰生）与建筑大师扎哈·哈迪德（Zaha Hadid）合作的首饰设计系列名为《建筑明星》（archi-star），是建筑哲学与时尚美学的完美结合。（如图5-10）

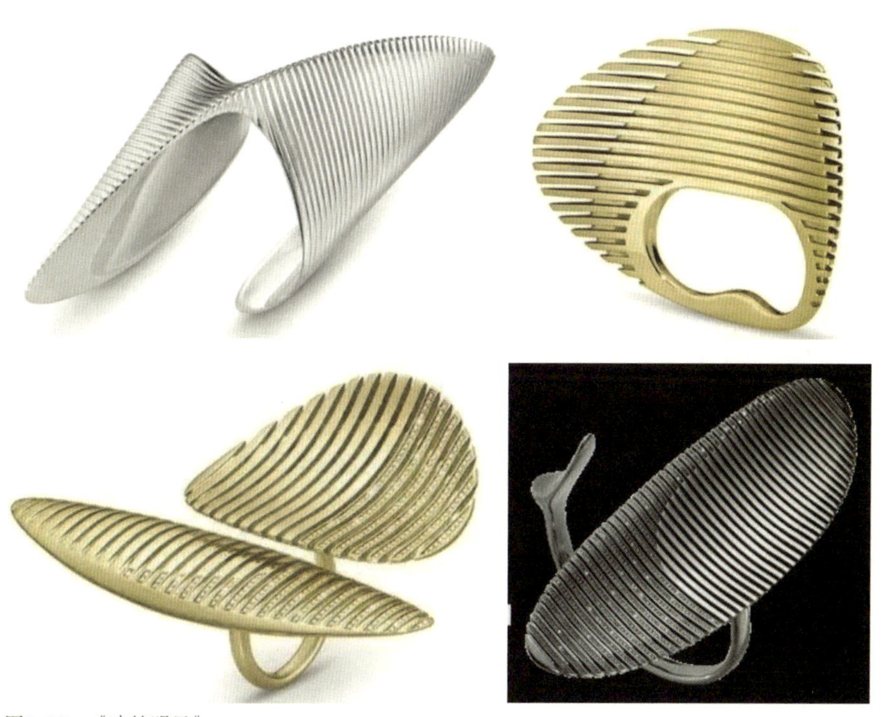

图5-10　《建筑明星》

该系列首饰再现了扎哈·哈迪德的美学原则，如令人难以置信的可穿戴雕塑。扎哈·哈迪德的形状设计，总是受到大自然的启发，与周围的环境完美地结合在一起。建筑师把这个原则应用到人体，在时尚中融入她的建筑哲学，提出了一个个新的时尚设计。

从建筑到珠宝，从混凝土到贵金属，不断变换的材料和工艺背后，是对承载设计师艺术构想孜孜以求的过程。所以看似折腾的跨界，其实是设计师们不断突破约束，不断接近心中理想目标的过程。

工业设计师们善于将产品的功能化置入首饰，在他们眼里，若能将产品的实用功能与首饰的装饰功能结合起来将是一件完美的艺术创作。

虽然主流的珠宝设计依然对宝石苛刻挑选、工艺设计不断精进，但依然没有办法阻挡每个人通过首饰畅快表达的热情。谁也不知道这些交错的洪流哪一股更为汹涌，谁也没资格判断哪一种方式更合时宜，但不可否认的是，自由和个性通过珠宝表达美，通过珠宝交流、主张理解、抒表情谊、取悦自己、构建世界，追逐珠宝扣人心弦的美是人类永远不会停下来的步伐！